我们的物质世界
从何而来？

张东才　王　一　王国彝　陈炯林　著

中国青年出版社

这本《我们的物质世界从何而来？》是我们准备陆续出版的"宏观科学丛书"的第一册，里面介绍和讨论了目前科学家对于我们的物质世界的了解。这套"宏观科学丛书"是根据我们在香港科技大学近年新设立的一门宏观科学课程的材料整理加工而成的。这套丛书计划为四册：（1）我们的物质世界从何而来？（2）生命的起源。（3）人类的起源与人体的功能。（4）人类社会是如何演化和发展的？

什么是宏观科学？首先，它是对一些重大科学问题的宏观研究（例如宇宙或者生命的起源和演化）；希望能通过宏观的分析找出其中的基本原理。其次，这是一种跨学科的研究，希望在对不同层次的系统的研究中（包括物理、天文、生命科学与社会科学）发掘其共同的原则。

今天，许多科学上的突破都需要不同专业的人才来参与。因此，香港科技大学的几位老师最近发起了一个"宏观科学计划"（Macro-Science Program）。我们看到，随着中国的快速崛起，香港已经成为一个国际科学交流与创新的重要中心，她需要培养一种先进的科学文化氛围。我们认为，在校园里建立一套跨越传统学科的教研计划，可以强化我们的发展潜力，并促进一种重视科学精神文化的发展。

我们这项构想其实也受到世界上一些其他大学的启发。现在国际上许多著名的大学都意识到：传统的学科研究视野太窄，未来科学的发展必须从更宽广的视野来推进。因此跨学科的研究是非常重要的。例如，耶鲁大学不久前设立了一个"弗兰克科学与人文计划"（Franke Program in Science and Humanities），其引言中就明确地指出："学术专业化越来越多地导致了学者和学科的孤立。这会造成对于大学追求智识的目标的误解，更会使得这个目标容易变质。这种孤立更会对跨学科问题的研究造成障碍。"我们在香港科技大学推动的"宏观科学计划"就是要打破这种孤立。

这项计划的内容之一就是开设一门新的宏观科学课程。这门课程的名称叫作"Scientific Understanding of Our World"（从科学的观点来了解我们的世界）。这个课程的设计与别的课程不同，它的目标不单在于知识的传播，更是要激发年轻人对科学的兴趣，并培养其独立思考的能力和习惯。具体而言，课程中讨论了以下几个问题：

- 宇宙从何而来？
- 物质从何而来？
- 生命的起源是什么？
- 人类行为的生理基础是什么？
- 有哪些因素决定了人类社会的发展？
- 我们未来的世界将走向何方？

为了引起学生更多的思考，这个课程有一些特点：（1）我们邀请了不同学科的专家来讲解不同的课题；（2）课程的内容主要是在宏观上介绍一些关键的概念，而不是讨论技术层面的细节；（3）我们不仅要向学生介绍科学家目前已经知道的结论，同时也会介绍科学家还没有解决的问题；（4）在课程设计上，我们希望有高度的互动，鼓励学生在课堂上提出问题，积极参加讨论。

我们这套丛书就是根据这门课程的设计而产生的。因此这套丛书不但介绍了科学界在一些重大领域里最新的主流理论，还介绍了对于这些理论的挑战。我们认为通过这种介绍，可以激发年轻人在未来进行更勇敢的探索！

这个宏观科学计划的成立，曾得到香港科技大学很多老师的支持和帮助，包括陈繁昌教授和史维教授两位校长，高等研究院前任院长戴自海教授，理学院院长汪扬教授，跨学科课程负责人周敬流教授等。另外，在这门宏观科学的课程里，也得到多位香港科技大学老师的支持，包括卡尔·霍利普（Karl Herrup）、王国彝、王一、陈炯林、王子晖、李凝、黎麟祥、钱培元、何国俊等多位教授都曾参与讲课。在此我们一并感谢。在这套书的编写过程中，我的助手傅斓做出了非常重要的贡献。这套丛书的出版得到中国青年出版社的大力支持，尤其是刘霜编辑，是这套书的主要推手。如果没有她，我们就不可能把这套教材变成一套生动活泼的科普读物。

张东才

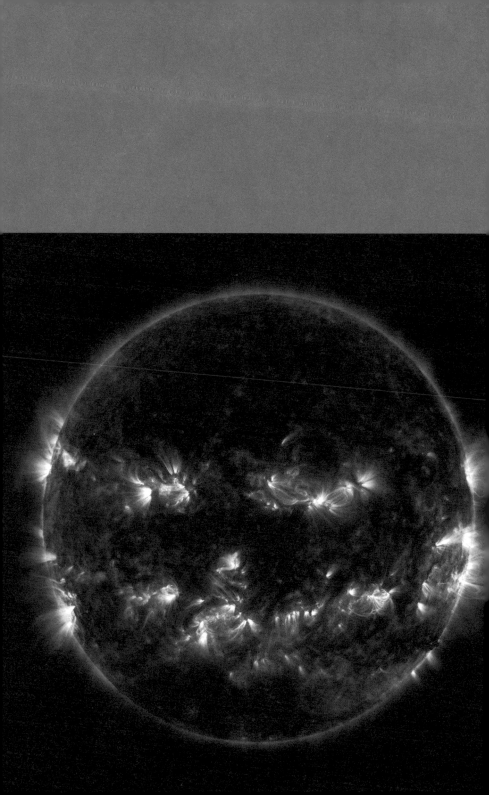

目录

001 **第一章**

导言：人类是怎样了解自然的？

回顾了人类在历史上是如何尝试去了解自然的，科学是怎样一步一步发展起来的。不但介绍了本书的内容，也介绍了本书的特色。

051 **第二章**

什么是宇宙？

宇宙是什么？宇宙从何而来？宇宙由什么构成？宇宙是恒久不变的吗？这些都是许多人很想知道的问题。本章尝试根据现代宇宙学最新的研究来提供一些回答。

077 **第三章**

物质是如何构成的？

我们知道物质由原子构成。但原子是那么小，我们如何知道它的结构？为了要了解原子的物理性质，科学家在 20 世纪发展了一套新的理论，称为"量子物理"。这套量子理论是怎么样发展出来的呢？它是如何能解释原子结构和性质的？

107 **第四章**

现代粒子物理学的标准模型

现在已知原子是由更基本的亚原子粒子构成的。不过，人们发现有些组成原子的粒子（质子和中子）也并非是最基本的，它们本身又是由一些更基本的粒子构成的。事实上，宇宙中有数以百计的不同性质的粒子。有些粒子相信是用来组成物质的，而有些粒子却被认为是用来传递物质与物质之间的作用力的。目前的粒子物理学是如何解释这些粒子的来源和性质的？

135 **第五章**

神奇的量子世界

美国有一位著名的物理学家理查德·费曼曾经说过一句很有名的话："我敢保证没有人真正了解量子力学。"他为什么这样说？量子力学真的那么神奇吗？在本章里，我们回顾为什么目前最牛的科学家对量子世界还有那样大的困惑。

173 **第六章**

如何解释物质的量子性质？
从物质波的观点看自然世界

本章探讨如何尝试突破在量子理论里的传统思维。最新的研究显示，如果把粒子视为真空的激发波，那么量子世界里面一些神奇的地方就可以得到合理的解释。

213

第七章

从粒子世界到物质世界

——宇宙中的不同化学元素是如何产生的

目前,科学家认为宇宙起源于大爆炸。不过这个宇宙大爆炸理论只预言了最简单的原子（氢和氦）的产生。然而在现实世界里的许多物体,包括我们自己的身体,都是由多种不同的元素组成的。这些比氢重得多的化学元素是如何产生的呢?

237

第八章

我们在宇宙中的家园

——地球

太阳系中只有地球适宜人类居住,是什么条件使地球有别于系内的其他行星? 认识地球是一项综合应用与基础研究的庞大工作,我们在此为大家提供一个扼要的介绍。

265

第九章

总结篇:我们今天对自然的认识到了什么样的程度? 还有哪些待解的难题?

对于从大到小不同尺度的自然世界,我们都已经有了不少的认识。但是对于极小尺度和极大尺度的世界,我们的认识却依然非常不足。目前许多的理论还带有不少推测的成分,其出发点往往是追求数学的美,而非自然的真。在今天,科学家现在努力地去寻找验证这些理论的实验证据。在本章里,我们列出一些科学界现在十分关注的基本问题。

295　全书图的出处

第一章

导言：人类是怎样了解自然的？

张东才

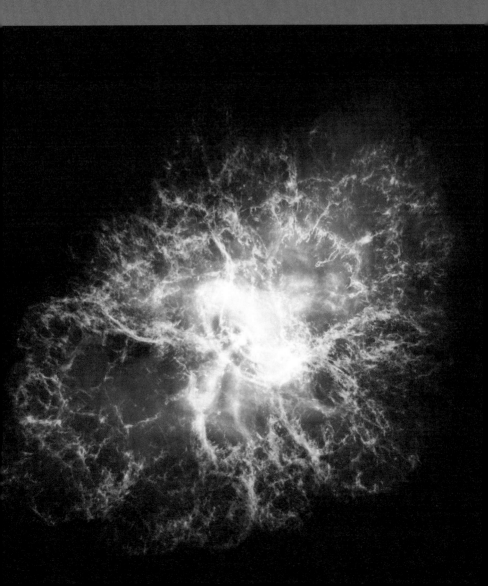

回顾了人类在历史上是如何尝试去了解自然的，科学是怎样一步一步发展起来的。不但介绍了本书的内容，也介绍了本书的特色。

科学主要是为了满足人对自然的好奇

现在许多人都认识到，科学和技术是一种非常重要的生产力。不过，在人类文明发展的历史中，科学的起源可能更贴近于人类对自然的好奇心。中国有句古语："人是万物之灵。"那么，人和万物的主要区别在哪里？笔者认为，人与万物最大的不同就是人会思考，会从观察中得到对事物的认知。而且，人有一种强烈的好奇心，很想知道这些事物是怎样来的。基于这种好奇心，人类逐渐发展出一套系统的研究方法，我们称之为"科学"。当然，科

图1.1　思考中的人

这图是根据法国雕塑家罗丹的一个著名的雕像"沉思者"画的。人比其他动物最大的优势就是人有更强的思考能力。当然，这种思考不但满足了人的好奇心，还推进了技术的发展。

学的研究不但满足了人类对自然的好奇心，它还帮助人类利用自然，大大地促进了人类的生产力，甚至让人类去改造世界。

因此，科学的一个重要的出发点就是满足人对自然的好奇。基于这种好奇心，人自从懂事以后都会追问："我们的物质世界是怎样来的？它从何产生？如何运作？"到了今天，人类已经对这些问题做过大量详尽的研究，并取得不少使人惊叹的成果。本书的目的就是用一种通俗易懂的语言来介绍这些研究。这一章是本书的导言。它不但介绍了本书的内容和特色，更重要的是，回顾了人类是怎样了解自然的。从这些前人的经验中，我们可以得到不少启发。

古代人对自然世界的认识

要了解我们今天对自然的认识是如何得来的，我们要先回顾一下人类认识自然的过程。

神话阶段

在人类早期的社会中，对于自然的了解很少，只能通过想象。这样就造出了各种有关宇宙起源的神话。不同的文化和不同的民族，曾经流传过不同的神话故事。

例如，在西方国家里有着长期影响的基督教，它相信的世界起源就是借自犹太民族的神话。在这个神话里，宇宙中先有一个上帝（神）。在该教《圣经·旧约》第一章的"创世记"里，描述了上帝创造世界的过程（见图 1.2）：天地最初是空虚混沌，一片黑

图1.2 基督教的创世神话

根据基督教《圣经·旧约》的"创世记"，上帝用了6天创造了世间万物。
并且他按照自己的形象创造了第一个男人亚当。

暗。第一天，上帝说要有光，于是光和暗就分开了，由此产生了白
天和黑夜。第二天，上帝让轻的空气向上升成为天，重的水分向下
沉汇聚成海。第三天，上帝说不只要有海，还要有陆地。于是有了
陆地。同时，上帝说还要有花草树木，于是就有了各种植物来覆盖
陆地。第四天，上帝觉得天上黑黑的，不好看，所以他就造出了发
光的日月星辰。第五天，上帝觉得世界太安静了，决定让它活泼一
些，于是造出了水里的鱼和天上的鸟。第六天，上帝决定也要在陆
地上造一些动物，于是有了兔子、老鼠、狮子、长颈鹿和昆虫等，
但上帝觉得这些动物都不够聪明，于是按照自己的形象造出来一个
男人和一个女人，并让他们来管理所有的动物。第七天，上帝觉得
造物的工作已经完成，于是他就休息了。

"创世记"里面说的虽然是一个神话故事，但在西方历史上却
长期被视为真理。直到最近几个世纪，也没有多少西方的学者敢对
《圣经》里的故事表示怀疑。这是因为基督教在欧洲长期有着非常

巨大的影响力。这部《圣经》有着无上的权威。谁敢公开对《圣经》有所怀疑都会招来严重的惩罚。这种权威的形成是由于有强大的政治力量作为后盾。在公元 4 世纪的时候，基督教被当时统治欧洲的罗马帝国定为国教。从此以后，所有的欧洲国家几乎都信奉基督教。这些国家的君主的合法性也需要由教会来确认。后来，欧洲人在全世界到处殖民，广泛地传播了基督教。许多殖民地的居民也就接受了基督教的信仰。

根据近年的考证，《圣经·旧约》里关于"创世记"的故事也并非完全由犹太民族原创。两三千年前，在西亚已经出现过一些类似的神话。一些历史学家认为创世纪的故事是犹太人借用自美索不达米亚平原的一些族群（特别是巴比伦人）的创世神话。例如，在巴比伦的神话《埃努玛·埃里什》（*Enûma Eliš*）里所描述的神创造世界的过程，就与创世纪里面所描绘的过程有点相似。

除了犹太人的神话，其他的西方文明也有各自的世界起源神话。例如古希腊有一部记录神话的史诗叫《神谱》（*Theogony*），在公元前 700 年由赫西俄德（Hesiod）写成，里面记载了古希腊版本的创世故事。书中宣称世界原来是"混沌"（chaos）一片。其后出现了一个女神叫"盖亚"（Gaia），她是大地之母。盖亚从自己身体里孕育出其他的神。他们分别代表着世界上其他的事物，包括月亮、太阳等等。因此在希腊神话里，世界万物都是从盖亚孕育出来的。

西方的另一个古文明是古埃及，她比希腊更早一点。事实上，古埃及的文明在大约 8000 年前就已经相当发达了。古埃及的神话比较复杂，在不同的时期和不同的地域，对于世界起源的神话有不同的版本。其中一种版本是，太阳神"拉"（Ra）从混沌中创造了世界。他创造了所有的生物。当他哭泣时，他的眼泪成为人类。另一个版本是，八元神（ogdoad）创造了世界。八元神孕育了一个"宇宙蛋"（cosmic egg），从宇宙蛋里孕育出了太阳神"拉"，从而创造了世界（见图 1.3）。

 太阳神

图 1.3 埃及的创世神话

古埃及人认为世界是由八元神创造的（左图）。另一个古埃及的说法是太阳神"拉"从混沌中创造了世界（右图）。

幻想世界是由"宇宙蛋"孕育出来的是一个有趣的概念。它不仅出现在西方社会的神话中，也出现过东方的神话里。在古代的中国，就有盘古开天辟地的传说（见图 1.4）。根据汉末《三五历纪》所述：天地原本是混沌一体的，像一颗鸡蛋一样，盘古孕育于其中。当盘古开始成长时，天地逐渐分开，天不断上升，日高一丈；地不断变厚。盘古也随着每天长高一丈。这样过了很久以后，终于

图 1.4　盘古的传说

根据中国古代的创世神话，宇宙原本像个鸡蛋一样，盘古孕育在其中。后来，盘古开天辟地，每日长高一丈，天地也同时不断地变高变厚。最后，盘古身体的不同部分变成了日月星辰、山川河流、飞鸟虫鱼等世间万物。

形成了后来的天地。根据这个传说，盘古身体的不同部分变成了日月星辰、山川河流、鸟兽虫鱼、金银矿石等等。

上述这些不同文化的创世神话，反映了早期人类对于世界起源的猜测。在远古时代，人类对于自然的认识还非常有限，许多现象还无法解释，所以往往会创造出一些神话故事，用它来解释万物的起源。这些神话经过代代相传，后来才有了文字的记载。最后，这些神话就会成为一些民族的宗教起源。

古代东方文明对自然的认识

早期的人们并不全都满足于用神话来解释自然。一些富于探索精神的人开始用一种理性的态度去了解自然世界。经过长期的观察，他们逐渐积累了大量有系统的知识。因此，不少古文明在天文、地理、历法、数学（尤其是几何学）、冶金、建筑和农业等各个方面都获得了很大的发展。

　　人类的古代文明主要发源于地球的北半球，在欧亚大陆的温带地区。这些文明可以大致分为两个重要的板块[①]：一个是在欧亚大陆东方的中国地区；另一个是在欧亚大陆的西方，包括两河流域和地中海沿岸（我们也可以称之为"泛地中海地区"）。由于地理的隔阂，这两大板块的文明在早期基本是独立发展的。19 世纪以前，这两个地区很少有直接的互动。

　　让我们先回顾一下东方文明在科学上的发展。中国有文字记载的历史据说有 5000 年。不过在此之前，生活在这个地区的人很早就已经开始利用自然了。中国经历过旧石器时代、新石器时代和青铜器时代。在 3000 多年前周朝建立时，中国就已经形成了一个高级的农业社会。通过对于日月运行的观测，人们已经可以制定一套相当准确的历法。由于农业的需要，中国人很早就修建了一些有规模的水利工程。在春秋战国时期，人们对了解自然的学问非常重视，例如在儒家的经典《大学》里，就提出了"格物、致知、诚意、正心、修身、齐家、治国、平天下"的治学程序。所谓"格物致知"就是从观察事物中找出自然的规律。中国人很早就已经提倡了科学的精神。

　　在春秋战国时期，中国处于百家争鸣的时代。不同的学者提出了不同的学说，互相较量。这情形有点类似于欧洲同一时代的希腊

----

① 在这些板块之外，还有一些古代的文明，例如古印度文明。虽然印度文明的历史很长，在数学上也有过一些重要的贡献，但它并不是一个连续发展的文明，在最近 1000 多年里没有成为地球上文明的一个重心。而且，通过亚历山大大帝的东征和伊斯兰文明的扩张，古印度文明的一部分也已经融入了西方文明之中。

城邦社会。不过，这种活跃的学术气氛到秦统一中国以后就再难以复见了。

在古代的中国，对自然现象有相当深入的研究。据《史记》记载，在尧帝的时候，就已经设立了专职的天文官。在我国河南安阳出土的殷墟甲骨文中，就已有许多关于天文观察的记载。在中国古代的文献里，很早就出现了有关二十八宿的天文描述。我国古代在创制天文仪器方面，也做出了出色的贡献。我国最早的天文仪器大概是土圭（又称"圭表"），是用来度量日影长短和角度的日晷。西汉的落下闳制成了我国古代测量天体位置的仪器"浑仪"。东汉的张衡创制了世界上第一架利用水力推动的"浑象"（又称"浑天仪"）（见图1.5）。

在古代各大文明中，中国在数学上的发展曾经是领先的。中国的传统数学称为算学，据说起源于仰韶文化，距今已有5000余年

日晷   浑仪

图1.5　古代中国的天文观测仪器

古人使用日晷（左图）来量度日影的长短和角度，从而知道时间和季节。浑仪（右图）是用来测量不同天体位置的仪器。均在汉代已有记载。

历史。在周公时代，"数"是当时训练学者的六艺之一。根据李约瑟（Joseph Needham）的研究：十进位制在公元前 1400 年的中国商代就已经出现。比同时代的巴比伦和古埃及的数字系统更为先进。早在公元前 2 世纪，中国就已经出现了一本《九章算术》的数学著作。这本书列出了开平方、开立方等计算方法，提出了正负数的概念。西汉的张苍、耿寿昌增补和整理了《九章算术》，更详细地说明了开平方、开立方和求解线性方程组的算法。

西汉时候出现的《周髀算经》记载了许多汉代的数学成就，包括几何学里重要的勾股定理。汉代的张衡不但是著名天文学家和物理学家，也是一位数学家。他发现圆周率的值接近 3.15。随后的刘徽把这个值近似到 3.14。到了公元 5 世纪，祖冲之更在数学上做出了出色的成就。他所推算的圆周率可以准确到小数点后 7 位。

对于历法的制定，中国的古人尤其先进。在战国年间，中国人已经编制了 6 种不同的古历法。目前已知的第一部最完整的历法，是汉武帝年间（前 2 世纪）由邓平、唐都、落下闳及司马迁等制定的《太初历》。其规定一年为 365+（385/1539）日；一个月为 29+（43/81）日；一年为 12 个月，每 19 年有 7 个闰月。当时还清楚地列出了二十四节气的概念。二十四节气主要是根据日晷反映出的太阳的运动规律制定的。每年日影最长的那天称为"冬至"，日影最短为"夏至"。在春、秋两季各有一日其昼夜时间长短相等，分别定为"春分"和"秋分"。而其他的一些节气则根据季节变化做出相应的规定。

中国古人为何对日月运行的规律掌握得如此准确？主要是因为

当时的中国已经是一个高级农业社会，在耕作上需要配合季节的变化。还有，古人认为天象的变化可能与世间的大事有一定的关联，所以他们很认真地研究和记录天文的现象。

古代西方文明对自然的认识

在古代的西方文明，科学也有蓬勃的发展。两河流域（又称"美索不达米亚平原"，今伊拉克和叙利亚地区）是西方文明最早的发源地。从该地考古发现的石板上，人们可以看到在公元前2000年的时候，古巴比伦人已经掌握了一些代数运算和几何学。石板上的楔形文字记录了他们使用60进制。石板上还有数字的平方表和立方表。他们把圆周率近似为3，并找到了估算圆的面积和圆柱体积的规律。那时的人们已经在石板上记录下对天体的观察和对星体运行的计算，这些记录后来流传到希腊。古巴比伦人还发展出一套基于太阳和月亮变化规律的历法（类似于"阴历"）：一年有12个月或13个月，一个月有29天或30天。

西方另外一个文明的源头是古埃及。据说她的历史可以追溯到8000年前。古埃及历法与古巴比伦不同，其是基于太阳的运行规律（称为"阳历"），一年固定有365天。除了历法以外，古埃及人在建筑和数学上也发展得很早。古埃及文明中最为大家熟悉的就是金字塔了。现存的100多座金字塔大部分建于3000多年前至4000多年前。其中最大的一个叫作"胡夫金字塔"，高约150米，用了1300万个石块来建成，每块石头重2.5~5吨。在4000年前没有任何现代建筑工具的时候，人们是如何设计和建造出如此庞然大物的？直到今天，科学家还不能很好地解答这个问题（见图1.6）。

图1.6　古代西方文明的一些建筑遗址

　　埃及的胡夫金字塔（左上图）建于公元前 20 多世纪。希腊帕特农神庙（右上图）建于公元前 5 世纪。古巴比伦的古城墙（左下图）及墙上的浮雕图案（右下图），据说建于公元前 7 世纪前后。

　　在古埃及以后，古希腊是另一个高度发展的西方文明。由于地理位置相近，古埃及与古希腊有很多贸易上的往来。许多古埃及的文明也因此对古希腊发生了巨大的影响。公元前 10 世纪前后，古埃及开始衰落，它与美索不达米亚平原上的亚述（Assyria）冲突不断，后来又被波斯吞并。

　　古希腊在公元前 800 年就建立了一个城邦社会，同一地区里有很多自治的城邦，情形有点类似于中国的春秋战国。在这些城邦之中，雅典是文化最发达的，有名的古希腊三杰——苏格拉底（Socrates）、柏拉图（Plato）和亚里士多德（Aristotle）就是住在雅典。另外一些有名的城邦包括斯巴达和马其顿，在军事上都有很强的实力。

古希腊的文明非常发达，古希腊人对于自然的认识相当先进。公元前 6 世纪，在古希腊出现了一个毕达哥拉斯学派（Pythagoras School），在数学上有不少的成就，其中最广为人知的是毕达哥拉斯定理，即勾股定理。据说，他们是最早提出地球是圆的这一概念的。公元前 4 世纪的欧几里得（Euclid）出版了 13 卷的《几何原本》，为几何学提出了一套完整的分析方法，对西方的数学发展有着非常重要的影响。

古希腊的天文学者进行了大量的天文观测，并归纳了一些天体运动的规律。今天北半球大部分星座的名字都可以追溯到古希腊的命名。当时的古希腊人已经观察到五颗行星，包括水星、金星、火星、木星和土星。

对后来的西方最有影响的古希腊学者是柏拉图和亚里士多德。柏拉图是苏格拉底的学生，而亚里士多德又是柏拉图的学生。柏拉图和亚里士多德都有很多著作流传下来。柏拉图主张的地心说模型，经过公元前 2 世纪的天文学家托勒密（Claudius Ptolemy）的进一步发展，曾长期被西方奉为经典理论。亚里士多德的研究兴趣十分广泛，包括物理学、生物学、政治学和伦理学等。公元前 4 世纪，马其顿的亚历山大大帝（Alexander the Great）东征，打败了波斯，直抵印度，建立了一个横跨欧亚非的大帝国。亚里士多德就是亚历山大的老师（见图 1.7）。

亚历山大在占领了埃及以后，在尼罗河口建立了一个新的城市，就是后来的亚历山大港。他的继任者托勒密一世（Ptolemy I Soter）将埃及首都建在该市，并使用希腊人来管理。这样就大大地

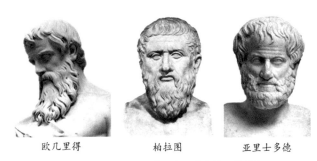

欧几里得　　　　柏拉图　　　　亚里士多德

图1.7　古希腊对后世最有影响力的三位学者

欧几里得（左）编辑的《几何原本》可以说是对于几何学最早的一部完整的研究著作，这部书后来成为现代数学的基础。柏拉图（中）是古希腊学派的一代宗师，在科学、哲学和政治学上都有着非常大的贡献。亚里士多德（右）是柏拉图的学生，同时也是亚历山大大帝的老师；他在很多方面，包括物理学、生物学、经济、政治、哲学等，都有重要的贡献。亚里士多德和柏拉图的著作对西方文明的发展有非常大的影响。在他们去世后的1000多年里，其理论还一直起着重要的指导作用。

促进了希腊和埃及两地在文化上的融合。亚历山大港是当时最富足的城市之一，建立了西方世界最大的图书馆"亚历山大图书馆"，收藏了当时西方文明大部分的重要著作。历史学家把这个时期的欧洲、北非和西亚统称为"希腊化世界"（Hellenistic world）。古希腊文明也就成了今天整个西方文明的摇篮。

在古希腊时期，有些学者已经认识到地球是圆的。公元前3世纪，在亚历山大图书馆工作的埃拉托斯特尼（Eratosthenes of Cyrene）就已估算出了地球的周长。他知道当夏至日到来时，太阳会在靠近北回归线的城市阿斯旺的正上方；而他所在的亚历山大港基本上是在阿斯旺的正北方。他测量到夏至日时太阳照射到亚历山大港的斜角约为7度，同时他知道亚历山大港和阿斯旺的距离大约为 800 公里。假设地球是圆的，就可以估算出地球的周长约为41000 公里，这与我们今天测量到的地球周长（40008 公里）非常接近。

历史上，西方对于世界的了解是深受希腊学者影响的。直到17 世纪、18 世纪，许多西方的学院（包括牛津大学和剑桥大学）所教授的科学理论还是以亚里士多德的著作为依据的。不过，科学是需要不断进步的。古代的权威专家所掌握的并不一定是最后的真理。例如在亚里士多德的《物理学》著作中，他所描述的物体运动并非完全正确。亚里士多德认为，物体的自然状态是静止的；当力作用于物体上的时候，物体才会运动；当力停止作用于物体时，物体就会停止运动。其实，力不是维持物体运行的原因。另外，对于自由落体运动，亚里士多德认为重的物体下落得较快，轻的物体下落得较慢。事实上，这只是由于空气阻力产生的现象。如果在真空中做这个实验，不会得到亚里士多德预言的结果。可是在西方，这些理论在接下来的 2000 年里曾被奉为经典，直到 16 世纪才开始被伽利略、牛顿等科学家修正过来。

总的来说，在 2000 多年前，无论东方还是西方，在物质文明上都已经有着高度的发展。不过，当时人们对于世界的了解主要还是依靠着肉眼的观察。对于星体的运行，也欠缺一套三维空间的理论。所以当时人们对于自然的了解还是有一定局限性的。

欧洲的"黑暗时代"

中世纪的欧洲，也就是从公元 5 世纪到大约公元 15 世纪这段时期，被许多历史学家称为"黑暗时代"。因为在这段时期，西方的文明基本停滞不前，没有重大的发展，更谈不上有任何思想上的突破。欧洲人在这一期间对于自然的了解，也无法超越古希腊人的认识。

欧洲为什么会有这段"黑暗时代"呢？我们必须先回顾一下从古希腊到古罗马的历史。公元前 3 世纪到公元 1 世纪，从意大利半岛起家的古罗马已经渐渐凭借武力的优势掌控了整个地中海地区。但由于古希腊的文明远高于古罗马，罗马帝国里流行的文化主要还是古希腊的文化，其本身并没有一个强大的思想体系来凝聚广大地区内不同文化背景的居民，同时它的领导层也并不稳定。在公元后两个多世纪里，罗马内部充满了暗杀和内战。这种混乱的局面到了公元 3 世纪变得非常糟糕；其中在最动荡的 40 多年里，前后出现了 26 位军人出身的帝王。

直到公元 4 世纪，罗马才由君士坦丁大帝（Constantine the Great）重新统一。这位罗马皇帝有着非常重要的历史影响，那就是他使得基督教主导了欧洲人的思想。在公元前的欧洲和西亚，不同的民族原本有着不同的宗教。其中大部分是多神教。只有住在巴勒斯坦地区的犹太人所信奉的犹太教是一神教。基督教起源于犹太教，基督教的《旧约圣经》也就是犹太教的《希伯来圣经》。不过犹太教并不相信关于耶稣的传说。所以犹太人并不信奉基督教的《新约圣经》。在公元 1 世纪和 2 世纪的时候，基督教的信众很少。但由于他们的传教活动很成功，到了公元 4 世纪，基督教的信众已经占到了总人口的 8%。罗马本来有自己的宗教，起先曾经对基督教进行了大规模的镇压，但是当君士坦丁与其他罗马皇帝争夺帝位的时候，他发现军中有不少士兵是暗地里信仰基督教的。为了让士兵忠心，君士坦丁对基督教采取了保护的态度，甚至成为第一位信仰基督教的罗马皇帝。由于君士坦丁大帝的大力支持，基督教得以迅速地发展壮大。后来的罗马皇帝狄奥多西一世（Theodosius I）还正式地把基督教指定为罗马国教。从此，在所有罗马帝国统治的地方，基督教成了唯一合法的宗教，其他所有的宗教都被摧毁了。

到了公元 5 世纪，罗马帝国解体，但基督教这时候已经传播到整个欧洲。教会的势力也非常庞大。后来，基督教分裂为东、西两个教派，天主教以罗马教廷为中心，最高权力属于教皇；东正教以君士坦丁堡为中心，最高权力属于东罗马帝国的皇帝。在以后的1000 多年里，教会垄断了欧洲人的思想。

在中世纪，大部分的学者是由教会培养的神学家。他们结合了基督教教义和古希腊的经典哲学思想，发展出一套"经院哲学"（Scholasticism）。这套哲学成了基督教会训练神职人员的主要理论。除了基督教的教义以外，这套"经院哲学"主要教授柏拉图和亚里士多德的理论。但它并不重视对自然世界的研究，主要还是以论证基督教教义、信条及上帝为中心。

因此之故，中世纪的教会把古希腊时期的天文学理论奉为正统。我们在前文里提过，柏拉图曾经提出过"地心说"。公元 2 世纪时，天文学家托勒密对地心说做了进一步的发展。根据对前人天文观测和计算的详细研究，他写成了《天文学大成》。其中不仅有行星运动模型，还估算出日、地距离，以及日食和月食的时间等等。他的学说在当时是最先进的，因而长期被学者们奉为经典。

公元 15 世纪、16 世纪，波兰教士哥白尼（Nicolaus Copernicus）在分析了大量的天文观测后，发展出一套"日心说"的行星运动模型①。这个新模型的计算比以前的"地心说"简单得多。公元 16 世纪，德国天文学家开普勒（Johannes Kepler）通过对天体的运动的详细分析，支持了哥白尼的"日心说"理论。他还总结出了 3 个著名的"开普勒定律"。与开普勒同时代的还有一位著名科学家，就是伽利略（Galileo Galilei）。他在物理学和天文学上都很有成就。他不但提出了对古希腊物理学的质疑，也十分支持日心说。伽利略同时倡导了把望远镜用于天文观测，使得之后的天文学有了飞跃的发展。

当时主张"日心说"理论的学者知道，他们不能够公然地挑战教会支持的"地心说"。因为当时如果和教会的教导唱反调，会被处以酷刑。在中世纪的欧洲，学术气氛并不自由。学者的思想受到教会严格的控制。教会强调信仰，不但《圣经》有着绝对的权威，它宣传的教义也不容置疑。如果有人敢于怀疑，那就是异端分子，会受到残酷的镇压。哥白尼因此把他的"日心说"著作留到死后才出版。当时另外一位学者布鲁诺（Giordano Bruno）原本也是位教士。他坚定地支持哥白尼的"日心说"。他比较大胆。他不但到处宣传"日心说"，还公开地批评经院学派一些其他的教义。1600年，罗马裁判所判处布鲁诺思想异端罪，把他绑在柱子上活活地烧死了。

---

① 公元前 3 世纪，希腊的阿里斯塔克（Aristarchus）曾经提出过日心说，但他并没有给出一个具体的运动模型。

比布鲁诺晚生一点的伽利略则较为幸运。他也曾积极宣扬过哥白尼的"日心说"理论。在 1615 年受到罗马宗教裁判所调查。不过，伽利略因为受到当时意大利贵族的庇护，只被要求完全放弃自己的言论：不得讲述、教授或为这个理论辩护。后来，伽利略的好友成为教皇乌尔班八世（Urban VIII）。因此，伽利略得到教会的许可在 1632 年发表了著作《两个主要世界体系的对话》。但由于书中隐晦地宣扬"日心说"，1632 年他再次被召到罗马为他的异端邪说辩护。这次他就没有之前那样幸运了，他被认为有异端嫌疑，被终身囚禁了起来。

显然，在中世纪的欧洲，人们不能有独立的思想，学者如果和教会的想法不一致，就可能会招来杀身之祸，学校也只能讲授被教会认可的理论。这种思想的压制大大地延误了欧洲的科学发展。这种情况等到教会的控制弱化了以后才得以改变。

伊斯兰文明的科学发展

欧洲的中世纪，虽然大部分国家信奉基督教，不过，在北非、西亚，以及欧洲一部分地方（巴尔干半岛），伊斯兰教也曾经占据过统治的地位。伊斯兰教由穆罕默德于公元 7 世纪在阿拉伯半岛创立，它信仰的教义《可兰经》糅合了一部分基督教的传说以及阿拉伯人奉行的行为准则。由于该教采用了政教合一的制度，建立了强大的军队，所以发展得很快。在 7 世纪末，已经发展成了一个横跨欧亚非三个大陆的庞大势力。由于伊斯兰地区融合了多种文化，因此得以很快地发展出一个灿烂的文明。这个文明的黄金时代约为 8 世纪中至 13 世纪中。伊斯兰文明在人类的科学历史中曾做出卓越的贡献。

　伊斯兰文明在很大程度上吸收了古希腊文明的知识，但又从自己的科学研究中取得了新的成就。有许多不同种族的人参与了伊斯兰文明的科学发展，除了阿拉伯人以外，还有波斯人、埃及人和亚述人等。其中最著名的一位科学家就是公元 10 世纪的伊本·艾尔－海什木 (Ibn al-Haytham)，又称阿尔·哈金（Al Hazen）。他是阿拉伯学者、物理学家和数学家，在许多不同的学科都做出了杰出的成绩。海什木出生于公元 965 年的巴士拉（在今伊拉克东南部），但大部分的工作是在埃及的开罗做的。他早期学习工程，熟读希腊科学的书。他所著的《光学书》（*Book of Optics*），大大地促进了光学领域的发展。海什木对天文学也很有研究，他在著作中就曾指出了托勒密"地心说"理论的一些问题，这对后来"日心说"的发展有着重要的影响（见图 1.8）。

　除了海什木以外，还有不少伊斯兰学者对天文学也做出了卓越的贡献。他们包括马拉盖（Maragha）和伊本·沙提尔（Ibn al-Shatir）等等。这些伊斯兰天文学家证明了地球的自转，

图 1.8　阿拉伯学者伊本·艾尔－海什木

公元 10 世纪的阿拉伯学者伊本·海什木是物理学家、数学家和工程师，在光学、天文学上都有杰出的贡献。

而且还曾提出了"日心说"的初步假说。

伊斯兰的学者对于医学、物理学和数学都做出了很多出色的贡献。因此，我们今天仍在使用阿拉伯数字进行运算。伊斯兰学者不仅发明了小数点的应用，还在代数和解析几何方面都有很大的发展。

今天的实证物理学，据说就是源自当时的学者海什木，其认为一个假说必须经过实验的验证或是数学推演的证明才能成立。有些伊斯兰学者还把实验科学方法应用到力学上，他们的工作为牛顿日后创立其经典力学定律埋下伏笔。

现在很多西方学者认为，中古的伊斯兰科学家为现代科学奠定了重要的基础，因为他们发展出早期的科学方法（包括实验及定量方法）。有人甚至将这段时期称为"穆斯林科学革命"。许多今天研究中世纪历史的学者都认为，现代科学是希腊、伊斯兰及拉丁文明共同汇聚而成的。

人类近代在科学上取得了突破性的发展

从 16 世纪开始，欧洲迎来了科学上的快速发展，结束了之前 1000 多年的黑暗时代。

这种变化，主要由五个原因造成。

（1）文艺复兴。中世纪后期，意大利北部由于贸易的发展变得非常繁荣。当地的贵族和富有的商人有了充分的资源来支持艺术和文化的发展。人们对希腊古典的文明非常向往，造成了一种十分活跃的学术气氛。

（2）伊斯兰文明的影响。在中世纪，伊斯兰文明融合了中亚和古希腊文明，使科学发展方面放出了异彩。这与在基督教控制下的欧洲形成一种强烈的对比，尤其是伊斯兰学者在天文学、物理学和数学上的发展大大地影响了西欧的一些学者。这就为近代西欧在科学上的发展做了一些有利的奠基工作。

（3）宗教改革。中世纪末期，基督教教会一些腐败的情形充分地暴露了出来。许多信徒对于当时的教会很不满意，要进行宗教改革。16世纪初，德国的马丁·路德（Martin Luther）开始推行一种新教运动，这个运动在欧洲其他地方也得到热烈的响应。经过一系列的战争和混乱，欧洲的基督教会分裂为"天主教"（或称"旧教"）和"基督教"（或称"新教"），这次宗教改革运动大大地削弱了罗马教廷对欧洲人的思想控制。

（4）工商业的发展。从15世纪开始，欧洲人积极地发展航海事业，最初是葡萄牙人绕过非洲南部的好望角，找到了通往亚洲的海路。后来西班牙人支持的哥伦布（Christopher Columbus）横跨了大西洋，到达了美洲。海路运输的发达促进了贸易的发展，而对殖民地的掠夺又大大地增加了欧洲人的财富。这些经济活动使得欧洲的工商阶层迅速地冒起，各种行会的成立也增加了这些工商业主的政治实力。此外，远程的航海活动也加大了人们对于天文和地理知识的需求。同时，生产活动又刺激了对于机械的研究和制造。这些都为欧洲后来在科技上的发展提供了巨大的动力。

（5）理性主义受到重视。到了17世纪、18世纪，欧洲在

牛顿 　　　法拉第　　　　　麦克斯韦

图1.9　在近代做出卓越贡献的几位物理学家

　　牛顿被认为是历史上最伟大的物理学家。他创立了一套经典力学，为今天的物理学和天文学奠定了重要的基础；他同时发明了微积分，对光学也很有研究。法拉第做了大量关于电磁关系的研究，为电磁学提供了重要的实验基础。麦克斯韦是电磁研究的集大成者，他创立的电磁学理论为日后的科技发展提供了革命性的贡献。

思想上开始逐渐摆脱了教会和贵族的束缚。一些欧洲的学者积极地参与自然哲学的研究。人们开始对人理解大自然运行的规律有了更大的信心。这时候还发展了一些明确的科学方法。例如弗兰西斯·培根（Francis Bacon）和笛卡儿（René Descartes）分别倡导用归纳法（induction）和演绎法（deduction）来研究自然世界。这种理性主义的精神，到了18世纪启蒙运动时得到更进一步的发展。

　　从16世纪开始到19世纪末，可以称为人类对于自然了解飞跃发展的年代。天文学、力学、电磁学、光学和热力学，在此期间都建立起了完整的体系。在这段时间内出现了好几位划时代的科学家，包括牛顿、法拉第和麦克斯韦等。他们为人类了解自然做出了非常卓越的贡献。

牛顿创立了经典力学

这段时间的一项非常伟大的科学成就，就是由牛顿（Isaac Newton）创立的经典力学。这项工作，对于人类理解自然和利用自然，都有十分巨大的影响。在今天的科学界，许多人认为牛顿是有史以来最伟大的物理学家。牛顿出生在 1642 年，他的家境并不富裕，父亲很早就过世了。他是一位多才多艺的人，喜欢观察和实验。在他年轻的时候，他很喜欢做木工，曾经制作过很多个日晷。在十几岁的时候，也曾在家乡里干了几年农活。他利用这段时间去观测天上的星象。在他读中学的时候曾寄宿在一家药店里，他对一些制药的过程做了很多观察，因而也知道了一些关于化学实验的知识。他的一位舅舅是位牧师，发现牛顿有数学上的兴趣，后来就推荐他上剑桥大学的三一学院。牛顿在那里遇到一位非常好的老师——巴罗 (Isaac Burrow)。巴罗教授不但是当时英国首屈一指的物理学家（他是第一任的卢卡斯讲座教授），思想也非常开明。他在大学里不但讲授了自己的一些科学理论，同时还介绍其他人的不同看法。这对学生非常有启发性。牛顿也因此得益不少。

牛顿的工作对于人类了解自然有着十分巨大的贡献。他是第一个系统地把自然界事物的运动规律找出来的人。他所发现的这些规律不但很成功地解释了天体的运动，还大大地帮助了机器和建筑的设计。牛顿的这项工作既是通过自己的细心观察，同时也受到前人在天文及物理研究上的启发，特别是哥白尼的"日心说"和开普勒的三大定律，以及伽利略对于古代经典物理思想的突破。根据这些研究，牛顿创立了一套新的经典力学理论，就是牛顿的三大定律和万有引力定律。同时，为了方便应用这些定律来计算运动的轨迹，牛顿发明了一种新的数学方法，即微积分。这就大大地促进了人们对于自然界运动的掌握能力。

牛顿对于科学的贡献还不止于此，他对于光学也很有研究。他是第一个指出白光其实是由多种颜色的光合成的。而且，他的研究也显示光可以具有粒子的性质。牛顿在科学仪器的发展上也很有贡献，他制造了第一架反光式天文望远镜。据说，他这套望远镜到今天还被保存着。

人类开始掌握电磁学和光学的规律

近代另外一项非常伟大的科学成就，就是由麦克斯韦（James Maxwell）集大成的电磁学和光学理论。对于电和磁的现象，人类在很早的时候就已经发现了。例如古代的人已经知道琥珀在兽皮上摩擦会产生静电。中国人很早就知道有些金属带有永磁性质，并且可以利用它来制造指南针。在几百年前，许多欧洲人已经记录了种种关于电的现象。但直至 19 世纪初，人们对于电和磁的物理性质才开始有了深入的认识。18 世纪末，欧洲科学家发明了能够储存静电的容器"莱顿瓶"（Leyden jar）。19 世纪初，意大利物理学家伏特（Alessandro Volta）又发明了电池。这些发明提供了方便的电源，使得一些早期的电学实验能够重复进行。法国的物理学家安培（André-Marie Ampère）发现通电的导线会产生磁场，并找出了电流与其产生的磁场之间的关系。他由此得出了"安培定律"。差不多在同一时期，英国的科学家法拉第（Michael Faraday）做了大量关于电和磁的关系的实验。他发现当一个线圈内的磁场改变时，这个线圈会产生一种电位差，这个现象被称为"电磁感应"。法拉第由此得出了"电磁感应定律"。同时，法拉第利用了这种电磁感应原理，发明了第一个发电机。从此人们可以把机械能转化为电能。这是一项革命性的成就。

到了 19 世纪中叶，欧洲的科学家和工程师已经在大量地研究和应用电和磁的技术，包括架设联通不同地方的电报通信系统。但是，当时人们对于电和磁的物理规律还是缺乏一套系统的理论。这项工作后来就由英国的科学家麦克斯韦出色地完成了。麦克斯韦利用微积分的数学理论，把之前从实验中发现的有关电和磁的几个定律联系起来，这些定律包括库仑定律、安培定律、法拉第电磁感应定律和高斯定律。

麦克斯韦当时用了 20 个方程式和 20 个变量来描述电磁学的全部规律。后来有了向量分析的数学技术，这些麦克斯韦方程就可以进一步简化为 4 个方程式。通过这些方程式，人们就可以解释和计算几乎所有电磁学上的问题。

不但如此，麦克斯韦通过他的方程式计算出电磁波的传导公式。这个公式里面得出的波的速度为 3×10^8 m/s，与已知的光速相等。由此，他认为光波就是一种电磁波。这样光学与电磁学就可以得到理论上的统一。这个理论后来经过赫兹（Heinrich Hertz）的实验验证，很快就被物理学界广泛地接受了。

因此，19 世纪在电磁学上是一个划时代的发展阶段。经过一系列的实验与理论工作，人们开始知道自然界的电和磁是同一现象。电和磁是共生的。不但如此，从麦克斯韦的电磁理论里面可以知道，其实光也是一种电磁波。因此光学和电磁学其实是建立在同一个物理基础上的。

热力学也得到了发展

在近几世纪还有一项有重大影响的科学成就，就是热力学的发展。热力学是研究热现象中物态转变和能量转移的学科。不但与动力系统的设计和化学工程有直接的关系，对于自然的观察也具有重大的指导作用。人类在很早的时候就认识到自然中有三种状态的物体，即气体（如空气）、液体（如水）和固体（如石头）。但是人们并不清楚，其实同一种物质在不同的温度可以有三态。热力学解释了这些随着温度而改变的物态转变，同时也解释了在很多物理过程中，热能和做功会如何改变一个系统内部的能量。

18 世纪到 19 世纪，由于工业发展的需要，如何改善蒸汽机成了一项重要的研究课题。这就为热力学的研究提供了强大的诱因。而就在那个时候，对于温度和压力的量度已经有很好的仪器。抽气机的发明也使得人们可以在实验室里面制造真空。这就为热力学的实验创造了良好的条件。17 世纪，波义耳（Robert Boyle）已经得出了波义耳定律。这个定律后来与其他的几个定律合并，得出了理想气体定律。它说明在一个封闭系统里面，气体的体积、压力和温度之间的关系。18 世纪中叶，瓦特（James Watt）设计了效率不错的蒸汽机。19 世纪 50 年代，人们发现了热力学的第一定律和第二定律。1860 年，麦克斯韦提出了一个气体的动力学理论，里面提到一种能量的分配函数。这项工作在 1872 年由玻尔兹曼（Ludwig Boltzmann）进一步发展。他们的工作就奠定了今天被称为"麦克斯韦 - 玻尔兹曼分布"的统计模型。这个模型很好地解释了在自然界里面许多系统的能量分布。

19 世纪末，人们以为已经完全掌握了自然的规律

从上述的讨论可知，近几世纪对于自然的研究，不但大大地增进了人类对自然的了解，使得我们对动力学、电磁学和光学都得到了透彻的认识，还大大地提升了人类利用自然的能力。可以说，牛顿的经典力学和热力学奠定了第一次工业革命的理论基础。而 19 世纪对于电磁学的研究则奠定了第二次工业革命的理论基础。

经过近几世纪科技的飞跃发展，当时的许多学者认为他们对于自然的了解已经非常充分了。所以在 19 世纪末，有很多学者认为人类对于所有的自然规则都已经掌握，以后的学者需要做的只是怎么样运用这些规则去把自然界的事物做更详尽的描述。有一个故事可以生动地说明这一点。据说在 19 世纪的最后一天，欧洲许多著名的科学家聚在一起庆祝新世纪的到来。会上，英国著名物理学家开尔文（Lord Kelvin）发表了新年祝词。他在回顾当代物理学所取得的伟大成就时说："今天物理大厦已经落成，剩下来的大概就只是一些修饰的工作。"

现代对于自然的认识

19 世纪末，当时的科学家以为他们已经完全了解了整个物质世界。不过，根据我们今天的认识，他们了解到的只是一个直观的自然世界。对于微观的自然世界，他们还没有开始认识。直至 20 世

纪，人们才开始真正了解我们的物质世界是从何而来，人类对自然的认识才超越了自身的经验。

对原子结构的了解

20世纪物理学最大的成就乃是人类开始真正了解原子的结构。关于"物质是由什么构成的"这个问题，人们一直在问，却长期得不到清楚的解答。在古希腊，已经有人猜测物质不是无限可分的，这种组成物质的最小单位称为"原子"（atom）。中国的墨子也曾提出过类似于原子的概念，他认为物质分割到一定程度就不能再分割下去了。近代，牛顿首先提出了物质由原子构成的理论。道尔顿（John Dalton）基于牛顿理论和自己的化学研究，在1808年提出了一种近代的原子学说。不过当时对于原子的结构还一无所知。到了20世纪，科学家才开始建立我们今天所知道的原子模型，也就是原子是由原子核和围绕其转动的电子构成的。19世纪末，汤姆逊（J. J. Thomson）首先发现了电子，这是一种带负电的基本粒子，而原子核是带正电的。1911年，英国科学家卢瑟福（Ernest Rutherford）根据 α 粒子撞击金箔实验的结果，提出了一个具体的原子模型。他认为原子的结构很像一个微型的太阳系：原子大部分的质量集中在原子核，它相当于太阳；而电子就像是绕着太阳运行的行星。在天体运动中，太阳拉着行星的引力是牛顿的万有引力；而在原子里，原子核拉着电子的是电荷之间的静电引力。

有了原子模型以后，人们就可以研究原子是怎样组成分子的：原子外层的电子可以和它的邻居分享。这种分享就形成了化学键。

利用原子作为基本的组件，我们可以很容易地了解其他物质是如何构成的。例如，一些晶体就是由多个原子组成的有规律的晶格构成。而我们常见的液体，就是由一大堆分子组成的无序的集合。因此，通过对不同的原子的认识，我们基本可以了解所有物质的组成。

量子现象的发现

不过，要了解自然，光是知道原子的结构还远远不足够，我们还必须知道原子的运作原理。那就必须应用到量子力学了。20世纪在物理学上最大的突破可以说是量子力学的发展。19世纪末，人们所知道的物体运行的规律，主要是经典力学。这种理论对于解释直观世界的事物，例如一个炮弹的运行轨迹，是完全没有问题的。可是，当人们用这个经典理论来解释光的能量分布的时候，就产生了很大的问题。到了19世纪与20世纪之交，德国科学家普朗克（Max Planck）提出了一个大胆的假说，他认为当光从一个发热的物体辐射出去时，光的能量分布不是连续的，而是以一个个"光包"的形式发送出去的。每一个"光包"可以被视为一个粒子。后来人们称它为"光子"。1905年，爱因斯坦（Albert Einstein）发表了一篇论文，提出光在被电子吸收的时候也是以一种粒子的形式来进行的。也就是说，光子的能量要么被电子整个地吸收，要么电子就完全不能吸收光子的能量。因此，一个光子的能量是不能分割的。这个不能分割的能量单位就被称为"量子"（quantum）。而这种以离散的形式来传递能量的现象，就称为"量子现象"。

这样就出现了一种很有趣的情况，从麦克斯韦的理论，我们知道光是一种电磁波；但是从光的辐射和吸收的研究中，却发现光表现得像一个粒子。那么光就必须同时具备"波"和"粒子"的性质。这种现象称为"波粒二象性"（Wave-particle duality）。但事情并不止于此。后来人们发现，不止光表现得既像波也像粒子，其他粒子也有波粒二象性。例如，我们知道电子是一个粒子，但它也有波的性质。这是怎样知道的呢？20世纪初，人们把电子打在晶格上观察其衍射，发现其衍射的分布情况和光的衍射分布规律是一样的［就是遵从了布拉格衍射（Bragg diffraction）定律］。这就表示电子也必须有波的性质，而且人们后来就利用了电子的波的性质制造出电子显微镜。在后续的实验里，人们还发现，不仅电子，许多其他的粒子（包括中子和氦原子）都有波粒二象性。

由于粒子具备了波的性质（称为"物质波"），我们就不能再使用牛顿的经典力学来计算电子在原子中的运动。因此，在20世纪初，物理学家开始找寻一套可以描述物质波的量子力学理论。这项工作由薛定谔（Erwin Schrödinger）完成。他在1926年提出了薛定谔方程（Schrödinger equation）。有了这个方程，科学家就可以很容易地计算出电子在原子里面的运动情形，从而建立了一个精确的原子模型。这个模型可以很好地解释为何周期表里不同的化学元素有不同的化学性质。事实上，薛定谔方程是一个非常有用的理论工具。今天绝大部分的物理工作，包括原子物理、分子物理、固态物理、电子器件设计等，都依靠薛定谔方程来计算（详细的讨论请看第三章）。

对原子核与基本粒子的认识

现代的物理学家对于原子的结构已经有了非常精确的了解。但是，对于原子核的结构和运动规律却还没有完全掌握。人们只知道原子核主要由质子和中子构成。在同一种化学元素的原子核里，质子的数量是固定的，但中子的数量却可以改变。这样就产生了一些同位素。有些同位素是稳定的；有些则是不稳定的，会发生衰变。20世纪一个重要的发现，就是原子核是可以分裂的。当人们用中子去轰击一个高原子量的原子核（如铀235）时，原子核会发生分裂，并释放出大量的能量。在这个原子核分裂的过程中，同时也会释放出更多的中子。这些中子就可以用来轰击其他的原子核。这样就会造成一种连锁反应，从而在很短的时间内释放出巨大的能量。

这项技术首先应用在军事方面，在第二次世界大战时制造了原子弹。后来人们又利用原子弹爆炸所释放的高温来融合氢原子，造成了威力更大的氢弹。现在原子弹和氢弹被统称为"核弹"。"冷战"时期，美苏两国各拥有数十万个核弹。即使到了今天，全球依然有上万枚核弹存在各国的武器库里。在过去几十年里，人类一直活在被核弹毁灭的阴影之中（见图1.10左图）。

当然，核能也可以被利用来造福人类。这方面主要是应用可控制的核分裂技术来发电，这种能源比使用化石燃料的发电厂清洁得多。现在，科学家们还在积极地研究可控的核聚变技术。由于核聚变使用的原料是氢的同位素而非铀，地球上的存量大得多，这项技术一旦获得成功，就能大大地帮助人类获得既经济又清洁的能源（见图1.10右图）。

在自然界里，原子不是组成物质的最小单位。因为原子也是由一些基本粒子（包括电子、质子、中子）组成的。这些粒子也可

图 1.10　核弹与核能发电

左图是美国 1945 年投在长崎的原子弹的模型。右图是广东大亚湾核能发电厂。

以称为"亚原子粒子"。除了组成原子的基本粒子以外，科学家通过使用粒子对撞机和对宇宙线的研究，还发现很多其他的基本粒子。从 20 世纪中叶开始，科学家对这些基本粒子做了大量的研究。目前已知自然界的基本粒子可以分为两类：一类是"费米子"（fermion），一类是"玻色子"（boson）。所有物质都是由费米子组成的。而玻色子据说只是用来传递费米子相互的作用力。费米子又可以细分为两种，一种是像电子那样的"轻子"（lepton），另一种是像质子和中子的"重子"（hadron）。到了 20 世纪 70 年代，物理学家取得了一项新的突破，就是建立了夸克理论。他们认为，那些重子虽然被称为"基本粒子"，但它们其实是由一些更加基本的"夸克"（quark）组成的。现在已知的夸克一共有六种（分成三对）。不过，一些理论学家认为，把夸克从核里分开需要无穷大的能量，因此人们还不能直接检测到单个夸克的存在（详细的讨论请看第四章）。

对天体与宇宙的了解

20 世纪人类对于自然的认识不但在微观方面取得惊人的发展，对于宏观方面的认识也有了飞跃的进步。这主要得益于望远镜的不断改善和对多种电磁波观测手段的出现。到了 20 世纪后期，人们还可以用放卫星的办法，把望远镜放到太空。这样对于天体和宇宙的观察就得到了大大的改善。目前，我们对于许多天体的现象，包括星体、星系的形成和运行，超新星和星云的演变，都可以非常精确地观察和记录。另外，通过使用分光仪的技术，人们可以准确地测量从星体发出的光的红移，并据此来估计星体运动的速度和与地球的距离。通过这种手段，哈勃（Edwin Hubble）在 1929 年发现了越远的星体以越快的速度离地球而去。这个哈勃定律意味着宇宙在膨胀。因此就催生出了"宇宙大爆炸理论"（Big Bang Theory）。这个理论目前已经得到不少证据的支持，包括宇宙微波背景辐射（CMB）的发现。目前，宇宙起源是一项非常前沿的领域，有很多非常大胆的理论。不过对于这些理论的验证，目前的实验证据还不多（详细的讨论请看第二章）。

为什么近代科学在西方得到飞跃的发展

回顾历史，我们可以清楚地看到人类对于自然的了解在过去两三百年得到了飞跃的发展。人们自然要问：为何这种飞跃的发展发生在近代，而非更早的时候？另外，为何科学的发展主要在近代的西方而非东方？

要回答这两个问题，我们先要了解科学的发展需要哪些基本条件。笔者认为，科学的发展与下列条件有着密切的关系：

1. 文明的支撑——一个社会有没有足够的文化和经济实力来支持科学研究？

2. 思想的自由和开放——有没有百花齐放的机会？

3. 活跃的交流和竞争——不同学派能否互相启发，互相影响？会不会汰弱留强？

4. 研究与应用的互相促进——科学的成果会否带来经济效益？能否刺激进一步的投资？

只要清楚了以上的条件，我们就不难明白为何科学在近代的西方得到了飞跃的发展。让我们来回顾一下人类社会在过去几千年发展的历程。图 1.11 总结了过去 3000 年来东方社会和西方社会的一些主要历史事件和科学上的重大进步。它提供了许多有用的例子，足以说明科学的发展与当时的历史条件是不可分的。下面让我们看看这些例子给我们带来的启示。

文明的支撑

科学的发展往往需要一个强大的文明来支撑。为什么长期以来，科学的发展主要在欧亚大陆温带地区的东端和西端？是因为这两个地区有比较高度发展的文明。人类的经济活动经历了采集社会、游牧社会、农业社会、工商业社会等不同的阶段，只有在农业社会和工商业社会才能发展出一个比较高级的文明以支撑科学的发展。这就解释了为何在过去的 2000 年，蓬勃的科学发展主要出

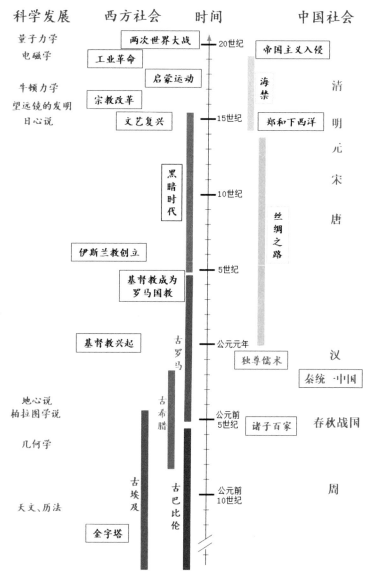

图 1.11　科学的发展与历史的背景

现在东亚和地中海地区，而不是非洲或者欧亚大陆北部的大草原。

回顾过去 3000 年的历史（见图 1.11），我们会看到无论是东方的社会还是西方的社会，科技快速发展的时期也是其文明繁荣的时期。中国和西方社会在古代都曾有过很活跃的科学发展。在 2000 多年前的中国，已经建立了一个高级农业社会，而在那个时候的地中海地区也是一个贸易非常发达的地方。那时这两个社会对于自然很多方面的了解其实是不分伯仲的。例如对于天文历法、数学，尤其是几何方面，在古代西方社会和古代中国社会几乎得到差不多的进展。不过到了后来，欧亚大陆西部的发展要远远超过东亚的发展。这其中一个主要的原因就是东亚的文明是单一的，也就是以汉族为主的文明。但是在欧洲，它融合了多种文明，包括古巴比伦文明、古埃及文明、古希腊文明、伊斯兰文明和基督教文明等。事实上，经过亚历山大大帝的东征和伊斯兰文明的扩张，古印度的文明也融合在西方的文明之中。

直到今天，欧洲和地中海地区一直是国际贸易最活跃的地区。在近几个世纪，欧洲国家更成为全球贸易的主导者。这不但大大地增加了他们的财富，也大大地促进了知识的积累。这就非常有利于欧洲国家在科技上的发展。

思想的自由和开放

另外一个利于科学发展的重要条件就是思想的自由与开放。在中国，学术思想最活跃的年代是春秋战国。那时，中国并非大一统的社会，有很多诸侯国并存，这种政治上的多样化容许了各种不同学术思想的发展。假如某种学派在某个国家受到压制，该派的学者可以到其他诸侯国去发展他的学说，这样就产生了一种百家争鸣、百花齐放的局面。

古希腊时期的欧洲社会也有类似于中国春秋战国时的情形。在泛地中海地区存在着好些不同的国家，包括古埃及、古希腊和一些西亚的国家。即使到现在，所谓"西方社会"其实远不止一个国家。在不同的时候，有不同的学者在不同的国家从事不同的研究工作。所以欧洲的科学发展不会受到某个国家的政治形态的局限。可以说，就学术研究的氛围来说，近代的欧洲和古时候的希腊城邦社会也差不多。

古希腊时期，每个城邦可以有不同的科学流派。这些不同派别的学者互相交流和竞争。因此会在学术上形成一种活泼的气氛。柏拉图的学说和著作其实已经反映了许多不同文明交锋以后得到的成果。

古代西方这种思想自由的局面，在基督教被奉为罗马国教以后才被改变。从那时开始，基督教的教会成为欧洲人思想上的控制者。所有和教会不合的思想都被认为是异端，会受到严厉的压制。因此，在此之后的 1000 年便成为"黑暗时代"。

这种情形直到最近 500 年才开始改变。尤其是在 18 世纪的启蒙运动以后，教会的权威受到了公开的挑战。人们开始倡导理性主义。学术思想重视科学精神，而不是依赖宗教信仰。到了现代社会，科学家们更加重视实证，一个科学理论必须得到实验的证明才可以成立。

活跃的交流和竞争

科学的发展不但需要思想的自由和开放，还需要有活跃的交流与竞争。在中国的历史上，春秋战国是不同学派交流最活跃的时候，当然也彼此竞争。当秦统一了中国，建立了一个中央集权的政府以后，就再也没有出现这种百家争鸣的局面。而在西方，却长期存在着不同学派、不同文明之间的交流和竞争。比如在古代，古巴比伦文明、古埃及文明与古希腊文明可以说是相映生辉。即使是欧洲的"黑暗时代"，在被基督教控制的地区以外，还曾出现过灿烂的伊斯兰文明。一些伊斯兰科学家的工作，就对近代西方的一些科学家提供了重要的启发。在文艺复兴以后，许多不同国家的学者都曾在科学上做出了重大的贡献。例如，提出"日心说"的哥白尼是波兰的天文学者，而推广"日心说"的伽利略是意大利科学家；另外，为"日心说"提供了重要证据的开普勒是德国的天文学家。他们这些工作又影响了英国的物理学家牛顿，从而启发他创立了万有引力的学说。

在现代，量子力学的发展也有类似的情形。最早提出光以量子的形式传播的是德国的物理学家普朗克，他的理论影响了法国的物理学家德布罗意（de Broglie）和丹麦的科学家玻尔（Niels Bohr），启发了后者提出了最早的原子理论。他们这些工作又启发了奥地利的物理学家薛定谔去建立一个量子力学的波动方程，使用这个方程，科学家才建立了一个现代的原子模型。

科学的发展依赖交流和竞争，可以很好地说明为什么现代科学的发展主要在西方而不在东方。在欧洲，长期存在着许多互相竞争的国家。不论为了军事上的优势还是经济上的优势，它们在科学技术上都在激烈地竞争着。这种情形在最近两个世纪尤其明显。同时，由于欧洲的交通相当发达，而且普遍使用拉丁语，不同国家的学者可以很容易地互相交流。某个地区的科技进步可以影响别的地区。但对于中国而言，她是被排除在近代的科技交流之外的。自从明朝郑和下西洋以后，中国的中央政府在明清两代都采取了海禁政策，失去了与欧洲国家交流的机会。

在鸦片战争以后，当中国的科技和国力都已经严重地落后于欧洲国家时，中国才被迫打开门户。然而那时，中国已经无力抵抗西方帝国主义的入侵，长期处于被动挨打的局面。

研究与应用的互相促进

上面提到科学的发展需要有交流和竞争。交流当然可以丰富人们的知识，但为什么竞争会促进科学的发展呢？这就是因为研究与应用可以互相促进，而竞争又可以汰弱留强。科学技术的应用可以为一个社会带来军事上和经济上的优势，例如冶金和机械制造能力可以大大地强化一个国家的武器发展，而这种应用又可以刺激人们去对自然的事物做深入的了解。事实上，工程与科学是相互促进的。例如，人们为了改良蒸汽机，就进行了很多热力学上的研究；为了发展电报和电动机，就大量投入到电磁学的研究。

不管是为了军事上的目的，还是经济上的目的，人们要不断解决不同的工程问题。为了解决这些问题，就要搞清楚自然界事物的规律。这个找规律的过程就是科学研究。这些科学研究的成果又可以进一步带动新的工程技术的发展。与此同时，工程技术的发展又可以帮人们制造更好更精密的仪器，为下一阶段的科学研究提供更有利的物质基础。这就形成一种正反馈，所以研究与应用是互相促进的。

当国与国之间的竞争变得激烈时，这种研究与应用的互相促进就变得更加重要。例如，15 世纪开始的大航海，促进了许多欧洲国家航海技术的发展。而航海技术的进步又促进了贸易和工业的发展。工商业的发展又刺激了机械制造和对能源的需求。这成为一个正反馈的循环，导致了近代的工业革命。从此欧洲不断对外扩张，工商业越来越发达，经济越来越繁荣，科技也越来越先进。

反观中国，在过去的 2000 年里，由于工商业没有在中国发展起来，中国的科学研究也就缺乏动力。

人类如何去了解微观世界与宏观世界？

今天人类对于自然的认识已经远超过我们直观的感受。我们对于自然的微观世界和宏观世界都已经有了相当深入的了解。尤其在过去的一个世纪，人类对于自然的了解取得了飞跃的进步。这是如何实现的呢？这主要得力于实验工具和理论工具在近代的快速发展。

在古代，人对于自然的认识只能局限在他的感官所能够侦测到的范围。人的感觉器官的侦测能力是非常有限的。比如我们的眼睛，它能够分辨大概 0.1 毫米的距离，相当于头发的粗细。但一个细胞或者一个分子的结构，我们是不能直接用眼睛来观察的。至于在观察大型物体方面，我们在地球上能看到的最大范围，可能就是一座座高山，或者大江和大海。这些在自然世界里其实都属于一个很小的范围。自然界已知的物体，小可以小到一个原子核以下（$<10^{-15}$ 米），大可以大到一个星系群（约 10^{23} 米）。相对而言，人的感官的侦测范围是非常有限的。

那么，人要了解自然，就必须使用许多工具。要观察小的物体，例如一个植物细胞，或者了解一个分子的结构，我们就必须使用显微镜或者 X 光的衍射仪。要观察大的物体，例如一个行星的运动或是一个星云的结构，我们就必须使用望远镜。不但如此，我们还需要理论的工具，来使得我们能把一些观察到的知识有系统地整理成一个合理的模型。这些理论工具除了概念上的分析和假设，还包括一些复杂的数学工具。譬如要认识地球运动的规律，我们就需要牛顿力学，里面会用到微积分。这些工具的应用，可以大大地拓宽我们的视野。

人类今天对于自然的认知可以粗略地分为五个部分：

（1）直观世界；

（2）微观世界；

（3）宏观世界；

（4）超微观世界；

（5）超宏观世界。

这五个部分可以根据宇宙中不同事物的长度做一个划分（见图1.12）。直观世界基本上以人的经验世界为基准。在这个范围内的认知基本上在 19 世纪末已经为人类所掌握。微观世界和宏观世界都需要很多近代物理和近代天文学的研究，这方面的知识基本上在 20 世纪才开始为人们所掌握。至于超微观世界和超宏观世界，人们现在的认识还相当有限，这方面的理论还在初步的发展阶段，有很多挑战需要克服。

下面，让我们对上述不同层次的自然认识做一些更详细的说明。

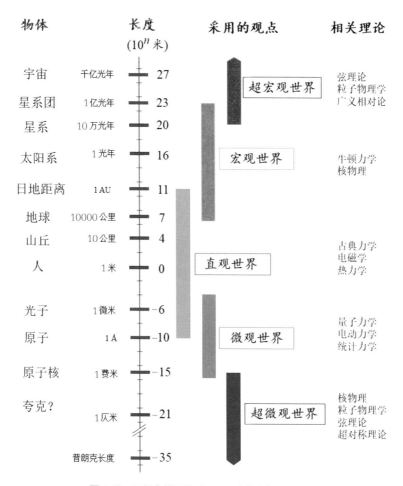

图 1.12　了解自然需要对不同尺度的事物进行研究

　　自然世界由许多极端不同的物体组成，它们的大小千差万别。这些大小不同的物体可以分为五个层次：超宏观世界、宏观世界、直观世界、微观世界、超微观世界。在这里面，只有直观世界可以利用人类的感官直接来认识。对于其他世界的认识，都必须使用大量的理论和实验工具。这里的中轴是物体的长度（10^n 米）。轴上标记的数目是 n。轴上的 1AU 代表一个"天文单位"（也就是平均日地距离，等于 149597870 公里）。1Å 代表一埃，等于 10^{-10} 米。对于超微观世界和超宏观世界的一些理论，例如弦理论和超对称理论，目前还是很有争议的。因为它们还没有得到实验现象的支持。

1. 直观世界（从古典的原子模型到以太阳为中心的行星系统）

我们对直观世界的了解主要是根据人的直接观察及其推论而来。对于这个世界的运行规律，我们可以用牛顿的经典力学、麦克斯韦的电磁学和热力学来充分解释。这种认识还可以通过不太复杂的仪器来验证。例如，使用简单的光学望远镜，我们就可以观察行星的运动规律；使用分光仪，我们可以知道光的物理性质，以及一些红移现象。虽然我们对于一些直观世界里面的物体不能直接观察到，但我们可以用一些简单的推论去了解它们的结构及运动和作用规律。例如，在早期的原子理论中，人们认为原子就像一个小型的太阳系，有多个电子围绕着原子核转动。这个原子模型和我们的直观经验是相符的。另外，对于物质的三态（固体、液体、气体），我们也可以把原子当作一个个坚硬的小圆球来模拟它的性质。因此，我们可以说，小到原子，大到太阳系，都可以用人类的直观经验来解释。

2. 微观世界（从光子到原子）

到了今天，我们对于自然的了解已经远远超出了直观世界。微观世界与直观世界的差别不仅仅在于我们不能用肉眼来观察，而是它的运动规律已经超出了人类直观经验的范围。就拿现代的原子理论来说，一个原子的结构不能完全用一个微型的太阳系来解释，因为很多原子的性质必须用量子力学才能解释。事实上，在原子里面的电子并不是像一个微型的行星，而是像一种物质波（详细的情形请看本书第三章）。同样，虽然在麦克斯韦理论里面光是一种电磁波，但现在我们知道它由很多不同的光子构成。而每一个光子就具备一种相似于粒子的性质。所以，在这个微型世界里面，物质的构成，既是粒子也是波。这与人们的直观经验非常的不一样（详细的情形请看本书第五章和第六章）。

所以，要了解微观世界，人们就需要发展一些新的理论。而且，要观察微观世界里事物的变化，就必须使用很多精密的仪器。

3. 宏观世界（从行星系到星系群）

在直观世界的另一端，人类今天可以认识宇宙中一些大型的结构，我们可以称之为"宏观世界"。这个宏观世界基本上是现在天文学研究的范围。这种研究不能靠肉眼，而是要靠各种复杂的望远镜，包括大型的光学望远镜、射电望远镜和其他波长的观测仪器。现在我们还可以把望远镜放到太空去，使之不受地球大气层的干扰。只有通过这些望远镜的观测，我们才能了解宇宙中许多以前不为人知的物体及其运行的规律，包括各种星系、超新星、星云、脉冲星、黑洞等。通过对这个宏观世界的研究，人类开始认识到自己是住在一个叫"地球"的行星上；地球是围着太阳运转的；而太阳只是银河系亿万个恒星之一；银河系之外还有无数的星系；宇宙是无比的庞大。

对于这个宏观世界，人们今天已经有相当深入的认识。许多宏观世界的现象可以很好地利用牛顿力学来解释。有一部分经典力学不能直接解释的，也可以用广义相对论来补充。另外，利用光谱的分析，人们可以了解许多天文物体的运动及其组成成分。对于星体内部的结构和变化，人们也可以利用已知的原子核理论来解释。凭着我们对于微观世界的知识，我们可以了解太阳其实是一个不断在爆炸着的氢弹，它正慢慢地把自己的原料燃烧。人类今天对于宏观世界的了解，比一个世纪以前有了飞跃的进步（详细情形请看本书

第七章和第八章）。

在宏观世界和微观世界以外，我们还有更大尺度和更小尺度的世界。我们把这个更小尺度的世界称为"超微观世界"，更大尺度的世界称为"超宏观世界"。

4. 超微观世界（从原子核、夸克到更小的结构）

今天物理学家对于原子的运动规律已经充分掌握，但是对于原子核（10^{-15}米）和比它更小尺度物质的物理规律却还没有完全掌握。在过去的一个世纪里，人们只知道原子核包括中子和质子，而中子和质子是由夸克构成的。但是，这些粒子怎样在原子核里形成一个稳定的结构？为何粒子会在真空中产生和湮灭？为什么物质远多于反物质？科学家们还没有很好的解释。当然，我们现在有一些关于弱作用和强作用的理论，并且从粒子对撞的实验里得到过一些支持的证据。但对于一些根本的问题，例如，夸克到底是什么？黏合夸克的胶子又是什么？我们并不清楚。事实上，对于现在的粒子标准模型是否是一种终极的理论，许多科学家还有所怀疑（详细情形请看本书第四章）。

5. 超宏观世界（宇宙及真空）

对于自然另外一端的研究，我们可以称之为"超宏观"。对于这个超宏观世界的研究主要是今天宇宙学的范畴。这里面人们最关心的问题就是我们的宇宙从何而来？（请看本书第二章）对于一些具体的问题，例如，宇宙到底有多大？宇宙的年龄有多大？现在已有了一些初步的答案。不过，对于这个超宏观世界的一些更基本的问题，包括大爆炸为何会发生？宇宙为何会膨胀？我们的宇宙是否是唯一的？目前的研究也只能做一些猜测。而且，这些理论与人们的直观经验也是非常不一样的。当然，目前的理论也有一些实验观察的支持，主要是基于对宇宙微波背景辐射（CMB）的分析。但由于我们无法对宇宙的起源做一些实验来验证，要得到一个真正的答案是极端困难的（详细情形请看本书第二章和第九章）。

本书的内容和特色

从上述的讨论可知，人类要了解自然是一项长期的挑战。到了今天，科学家对于自然的了解已经远远超越了直观的范畴。对于大多数人来说，这种前沿的科学知识是很不容易理解的。我们写作这本书的目的就是希望在这方面提供一些帮助。

本书有几个明确的目的：（1）我们希望把最前沿的科学理论介绍给青年人。让他们知道在今天科学家的眼里，我们的物质世界是怎样来的。（2）我们要尽量使用浅显易懂的语言，来介绍今天的科学理论。而且，我们会采用一种宏观的视角来介绍这些科学理论对于自然的解读。（3）我们希望鼓励读者用一种科学的态度来了解自然。所以本书在介绍不同的科学理论的时候，会很认真地说明这些理论建立在怎样的实验基础上，这些已知的理论能解释什么现象。它们还有哪些地方不能解释，这些理论在未来是否还需要一些修正。

本书的第一章是导论，主要是给读者一个阅读全书的准备。一方面，回顾了人类在历史上是如何尝试去了解自然的；另一方面，我们还指出了现在对于自然的研究有哪些最重要的问题。在本书下面的各章里，我们会分别集中讨论一个个不同的问题：第二章，我们会讨论宇宙的起源。主要是介绍宇宙学的研究以及目前主流的宇宙理论。第三章，我们会讨论物质是由哪些基本粒子构成的。也就是介绍现代的原子理论。第四章，我们会介绍目前粒子物理学的主流理论，也就是所谓"标准模型"。第五章，我们会介绍粒子的量子性质，特别是量子物理里一些奇妙的现象。第六章，我们会讨论如何解释物质的量子性质，尤其是关于粒子的波粒二象性。如何用物质波的观点来解释量子现象。第七章，我们会讨论宇宙中的不同化学元素是如何产生的。在宇宙起源时，只产生了一些基本粒子，它们在冷却以后会形成氢原子等简单的原子。但我们的物质世界是由很多高质量的原子组成的，它们构成了不同的化学元素。这些不同的化学元素是怎么产生的呢？第八章，我们会讨论地球的起源与演化。地球是我们在宇宙中的家园，没有地球就没有生命。那么地球是怎么形成的？她为什么能够产生生命？第九章是总结篇。我们会回顾今天人类对于自然的认识到了什么样的程度。有哪些基本的问题还没有解决。有没有一些已知的方向，可以让我们探讨这些问题在未来如何解决。

本书的第一、三、四、五、六、九章由张东才教授撰写；第二章由王一教授撰写；第七章由王国彝教授撰写；第八章由陈炯林教授撰写。

本书与其他科普书籍最大的不同，就是我们采用了一种广阔的视野深入浅出地介绍科学家们今天对于自然世界的了解。我们的介绍是多角度的，既有从直观的层面去了解自然，同时也会用微观和宏观的理论来深入地探讨自然的奥秘。本书的另外一个特色，就是作者本身是长期从事科研的科学家。他们在多个领域都有直接的研究经验。所以当作者在描述今天的科学家对于自然的了解时，他们有充分的知识底蕴来介绍。

本书另外的一个特色，就是采用一种开放的学术态度。本书不但会介绍今天的科学家对于自然已有的认识，就是那些已被广泛接受的主流理论，还会介绍科学家们目前还不能解决的问题。我们希望通过这样的介绍，一方面可以给青年人一个对于自然世界较为准确的认识；另一方面又可以让他们知道现有的知识在哪些方面还有不足的地方，需要他们未来去努力。我们希望本书能够有助于培养读者的独立思考能力以及怀疑精神，而不是人云亦云。科学的发展需要不断地追问：有哪些重要的问题还没有解决？在已知理论以外还有哪些可能？正是因为有这样的追问，科学家们才可以发现新的研究方向，敢于提出新的理论。

为了使得读者容易阅读，本书尽量避免使用复杂的数学或方程式。不过，有些重要的物理概念很难不用方程式来表达。有时候，为了清楚地解释一些重要的概念或者某些实验设计，就必须提供一些技术性的说明。因此，本书采用了一种折中的办法，就是在正文里尽量避免复杂的技术讨论，而另外添加了一些附录，把一些关键的技术性讨论放在里面。如果读者只想在概念的层面上了解科学，他阅读本书时可以跳过这些附录。而对于那些有理科背景，而且喜欢更深入地探讨问题的读者，附录可以作为正文的补充。

第二章

什么是宇宙？

王 一

宇宙是什么？宇宙从何而来？宇宙由什么构成？宇宙是恒久不变的吗？这些都是许多人很想知道的问题。本章尝试根据现代宇宙学最新的研究来提供一些回答。

如何理解我们的宇宙

你一定熟悉地球上的"月夜"。而你想过没有，月球上的夜，是怎样的呢？

图 2.1 是 1968 年阿波罗八号在绕月轨道上拍摄的照片"地球升起"。你，你的爱与奋斗、学业与事业，你的家，你认识的所有人，你的城市、国家，现在的全人类，以及人类历史上所创造过的一切文明，在月球上看，只是这一颗蓝色的星球，"一夕如环，夕夕都成玦"。

让我们再走远些，1990 年 2 月 14 日，旅行者一号飞船经过漫长的旅行，到达太阳系的边缘。这个时刻，科学家决定，让旅行者一号掉转镜头，在 64 亿公里之外，拍摄太阳系的全家福。

图 2.2 是全家福的一小部分，地球是一个暗淡的蓝点，在照片里湮没在尘埃中，只占 0.12 个像素。这让人不由想起白居易的《长恨歌》，太真仙子与唐明皇天人两隔，在蓬莱宫中"回头下望人寰处，不见长安见尘雾"。假如飞船中的相机有知觉，这大概就是它的感受吧。旅行者一号用了 13 年到达了太阳系的边缘。

图2.1　阿波罗八号在绕月轨道上
拍摄的地球升起（摄于1968年）

图2.2　暗淡蓝点。旅行者一号
（摄于1990年）

而光，则不到一个小时就能穿过这个距离。

　　和旅行者一号相比，目前，还没有人造的物体（除了无线电波）可以飞得更远。但是，根据天文观测，我们也可以重建出银河系的全景。银河系的直径大约10万光年（见图2.3）。

　　让我们的想象飞出银河。我们到达了本星系群，这是由银河系和银河系的几十个邻居组成的。本星系群的成员由于互相的引力吸引成为一个"家庭"，这个家庭的直径大约1000万光年。而本星系群又与上百个星系群聚合成室女座超星系团，它有1亿光年之大。

　　太阳系偏安于银河系的一隅，在银河系的数千亿颗恒星中，连一个点都算不上。而银河系在整个可观测的宇宙中，也是这样的情况。因为可观测宇宙中，至少有上千亿个星系。

　　这里碰巧我们提到了两个"千亿"。一千亿是多少？英国诗人威廉·布莱克（William Blake）曾说："一沙见世界。"如果我们把太阳系比作一粒细沙，那么银河系就相当于几百吨的沙子，

图 2.3　欧洲南方天文台根据天文观测绘制的银河系全景。

可以装好几辆载重卡车。如果银河系是一粒沙子，那么整个可观测宇宙又相当于至少几辆卡车的沙子。

这就是我们的宇宙。不过，我们讨论了宇宙像什么，还没有讨论宇宙是什么。宇宙是什么呢？

其实，"宇宙"这两个字，就很好地概况了宇宙是什么。春秋战国时期，《尸子》《文子》《庄子》等书都出现过这个词的解释："宇"指的是四方上下，"宙"指的是古往今来。四方上下的所有空间和古往今来的所有时间组成整个时空。这时空，以及时空里存在的一切，就是宇宙。

显而易见，宇宙是宇宙中最复杂的物体。因为宇宙中任何物体的复杂性，都包含在整个宇宙的复杂性之中。不过爱因斯坦曾经说过，这个世界上最不可理解的事情，就是这个世界竟然是可以理解的。在这一章里，就让我们理解我们的宇宙（见图 2.4）。

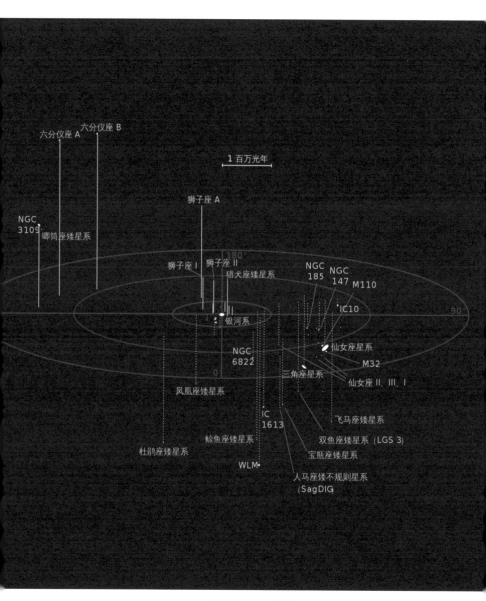

图 2.4　本星系群及其包括的星系

时间，空间，原子与暗物质

从时间的角度，关于宇宙的第一个问题就是，宇宙现在的年龄有多大？

怎么测量宇宙的年龄呢？现代宇宙学中有很多方法测量宇宙的年龄。最简单的一种，是测量宇宙中最古老物体的年龄。我们知道地球已经存在了约 45 亿年。所以宇宙年龄至少有这么大。不过地球远远不是宇宙中最古老的天体。一些白矮星是宇宙中已知的最古老的天体。白矮星是一类恒星的尸骸，已经不再产生热量。正如法医可以通过尸体温度判断生物的死亡时间一样，通过测量白矮星的温度，可以推断恒星在多久之前变成了白矮星。有的白矮星已经存在了近 130 亿年，所以宇宙至少有这么古老。综合各种观测手段，我们现在估计宇宙年龄为 140 亿年左右。

为了直观理解宇宙的年龄，让我们想象，把宇宙这 140 亿年的历史压缩为一年，宇宙诞生于这一年的 1 月 1 日凌晨。那么，在 12 月 31 日晚上 10 点半，人类开始懂得使用石器工具。晚上 11 点 55 分 55 秒的时候，人类建造了万里长城。而世界上活着的最年长的人出生的时刻，相当于离这一年的结束只有 27 毫秒的时间。

从空间的角度，关于宇宙你想知道什么？你大概想问，宇宙有多大吧。

我可以给你一个准确的答案，就是不知道。如果你问，宇宙是有限大的，还是无限大的？答案仍然是，不知道。有趣的是，科学不仅会告诉我们一些问题的答案，有些时候，还会告诉我们，有一些问题没有答案。

　　我们没办法知道宇宙的大小，就是因为宇宙的年龄有限，而光速也是有限的。没有物体的运动速度可以超过光速。宇宙中足够遥远的地方，即使光从宇宙诞生就跑向我们，至今这光仍然没有到达我们这里。也就是说，我们目前不能看到这么远的地方。也就不知道宇宙有多大。我们能看到的最大空间范围，叫作"可观测宇宙"。可观测宇宙的半径约 500 亿光年。

　　我们谈到了时间和空间。有人问："我喜欢的女孩要我给她时间和空间。她是要计算速度吗?"

　　对。把时间和空间结合起来，我们就可以谈论速度。1929年，哈勃和他的助手赫马森（Milton Humason）发现，遥远的天体在远离我们而去。因为这些天体所发出的光线，好比离我们而去的列车响起的汽笛一样，在频率上变得更低。

　　"天体远离我们而去"这个论断，初听起来仿佛是退位的帝王复辟。我们不是早就知道地球不是宇宙的中心了吗? 为什么天体要相对我们远去呢? 不过仔细想来，天体远离我们，除了暗示地球是宇宙的中心以外，还有另一种可能：宇宙中每时每刻都有更多空间，从天体之间生长出来。也就是说，宇宙在膨胀（见图 2.5）。

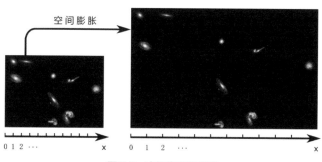

图 2.5　空间膨胀示意图

　　为了直观地想象宇宙的膨胀，让我们做一个类比。假如我们在吹一个气球，而气球上有很多蚂蚁。就算这些蚂蚁自己没有爬动，对于每一只蚂蚁而言，随着气球变大，这只蚂蚁也会看到其他蚂蚁都在离它远去。这里，并没有哪一只蚂蚁是气球的中心。这种彼此远离的效应只是体现了气球的膨胀而已（见图2.6）。

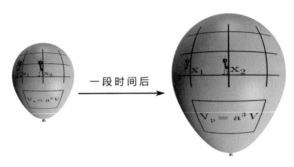

图2.6　用气球上的蚂蚁来想象宇宙膨胀

　　最后，宇宙包括时空里存在的一切。那么，时空里有些什么呢？

　　美国一位著名的物理学家费曼（Richard Feynman）想过这样一个问题：如果有一日，全人类的知识都将毁灭，我们只被允许留下一句话给后世子孙，我们应该留下哪一句话呢？他的答案是：物质是由原子组成的。

　　在现代的宇宙学观测面前，这句话有点过时（尽管还是十分重要的）。现在我们已经知道，由通常意义上的原子组成的物质，只占宇宙中的5%。这5%当中，自由的氢和氦占了绝大部分。而我们更加熟悉的重元素，则只占宇宙物质组成的0.03%（见图2.7）。

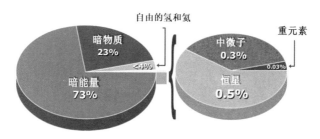

图 2.7　宇宙的组成成分

　　所有这些组分加到一起，宇宙的平均密度，大概相当于每立方米有一个原子的质量。也就是说，宇宙是非常空旷的。我们生活的地球在宇宙中是一个密度非常大的区域。比如空气中，每立方米有大约 10 的 26 次方个原子。这种密度的区别，比 100 亿人生活在一个地球上，和一个人生活在 100 亿个地球上的区别还大。所以从我们的日常经验中很难想象出宇宙的空旷程度。

　　宇宙中约 1/4 的成分是所谓的"暗物质"。什么是暗物质？请看一道中学物理题：考虑一个星系。星系中心存在大量发光的物质，使得恒星围绕星系中心旋转。现在考虑离图中星系中心很远的恒星。按理说由于发光的物质大部分分布在星系中心，所以并没有更多的物质吸引这颗很远的恒星。也就是说，遥远的恒星绕星系中心的旋转速度应该下降才对。这和太阳系中的行星离太阳越远，公转速度越慢是一个道理。

　　但是，实际的观测结果出乎所有人的意料。在星系周围很大范围内，恒星越遥远，绕星系旋转速度越快。也就是说，把星系内所有可见物质加起来，也不足以提供遥远恒星绕转的引力。于是，物理学家推测，在星系中，存在一种看不见的"暗物质"（见图2.8）。我们只可以通过引力感受到暗物质的存在，而不能通过别的方式（至少目前还没有），例如发射或吸收光线，来察觉暗物质的存在。

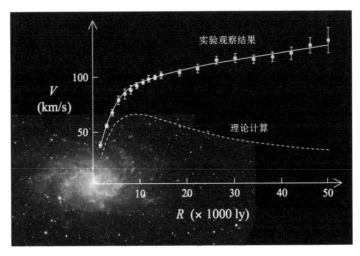

图 2.8　星系旋转曲线

根据可见物质的理论计算与观测并不符合。这暗示着暗物质的存在。

这让人想起一个脑筋急转弯：一加一在什么情况下等于三？小品里说，在算错了的情况下等于三。可是物理学家可以给出一个另外的答案：一加一，再加一个看不见的"暗数字"就可以等于三。暗物质的发现已经不是物理学家第一次玩这种把戏了。1930 年，泡利就为了解释核子衰变看起来能量不守恒的现象，提出了中微子的概念。中微子与我们之间的相互作用力极其微弱。一个中微子可以自由地穿过整个地球，而几乎不受任何阻碍。尽管如此，在泡利提出中微子 20 多年后，中微子还是在精心设计的实验中被发现。

暗物质是否也会像中微子一样，在未来的实验中被直接找到呢？目前很多实验正在搜寻暗物质。我们期待将来能对暗物质有更多的认识。

而当前宇宙中更重要的组成成分是暗能量。暗能量更加神秘。它的性质可以说是目前理论物理遇到的最大难题。我们将把暗能量放在这一章的最后来讨论。

需要强调的是，尽管宇宙的组成成分丰富而神秘，但宇宙的平均密度是非常低的，相当于在一立方米中只有一个原子。我们在地球上很难想象这样低的密度，这是因为，宇宙中星球之间存在着巨大的空间。这就好比，住在拥挤城市中的人很难想象，如果全世界的人平分地球面积，每人其实可以分到几万平方米。宇宙中，这个差距更加悬殊。

宇宙是永恒不变的吗？

简要介绍了宇宙的现在之后，我们继续追问：宇宙的过去和未来是怎样的？

要讨论这个问题，我们先要问的是，宇宙是一成不变的吗？如果宇宙从诞生至今，直至永远，都没有变化，那么，了解了宇宙今天的状态，我们就没有必要再去追问宇宙的诞生和命运，因为它们都一样。

和宇宙的年龄相比，人类文明实在太短暂。所以在直观感觉上，宇宙好像确实是亘古不变的。好比只有一季生命的秋虫，它们或许也会感觉巨大的人类，其年龄相貌，都不会有变化吧。

比如李白的诗："今人不见古时月，今月曾经照古人。"大概在诗仙心中，月亮还是那个月亮，星星还是那个星星，宇宙是永恒不变的。

"宇宙永恒不变"，不仅是李白这样的文科生可能会有的想法，理科生也同样想过。

史上最著名的理科生之一——爱因斯坦，就曾经认为，宇宙必须是静态不变的，不应该膨胀，也不应该收缩。可是，他创立的广义相对论中，描述宇宙的方程，解出来却不是膨胀，就是收缩。他为这个结果烦恼，所以在他的方程里人为加上了一个"宇宙常数项"，来抵消宇宙膨胀或收缩的趋势。在哈勃发现宇宙膨胀之后，他懊悔不已。认为，这是他一生中所犯的最大的错误。然而，他无法预料，1998 年，宇宙学家发现，让他懊悔的宇宙常数，或者至少是与宇宙常数相似的物质，其实不仅存在，而且目前占宇宙总能量的 70%。这就是前面提到的暗能量。

另一个著名的理科生，弗雷德·霍伊尔（Fred Hoyle），化学元素起源的发现者之一，也曾经认为，宇宙是不变的。他与合作者赫尔曼·邦迪（Hermann Bondi）、托马斯·戈尔德（Thomas Gold）提出，宇宙处于稳恒膨胀的状态。物质会不断地产生出来，以填补宇宙膨胀产生的空缺。有趣的是，尽管霍伊尔是大爆炸宇宙学的坚定反对者，"大爆炸"这个名字其实来自霍伊尔。在 1949 年英国广播公司的节目中，他形象地描述这个他当时不喜欢的模型："这个理论假设万物起源于 bang 的一声巨响（big bang）。"

然而，科学观测击破了人类对宇宙不变的诗意幻想。例如，从 20 世纪 50 年代开始，射电宇宙学发现了一系列遥远的奇特天体，例如类星体。这些天体和星系形成有关。它们分布在离我们十分遥远的地方，而不是近处。由于光速有限，这些天体分布在遥远的地方，说明这些天体存在于宇宙早期，也暗示了星系形成的现象是在宇宙早期发生的。也就是说，宇宙的早期与现在不同。此后的宇宙学研究，包括宇宙中元素起源、光的起源等，都支持宇宙的大爆炸学说——宇宙是随时间变化的。

"一页风云散，变幻了时空。"现在，就让我们放弃宇宙一成不变的想法，来看一看宇宙时空中各个成分的兴亡盛衰，聚散离合。

忆往昔峥嵘岁月稠

"忆往昔峥嵘岁月稠。"或许是宇宙往事的最好概括。

你可能会问，刚刚不是说过，宇宙的平均密度极其低吗？怎么能用稠来概括呢？是不是不识"稠"滋味？

确实，宇宙现在的密度极其低。但是，宇宙是膨胀的。所以，沿着时间向回追溯，时间越早，宇宙的密度越大。一般认为，早期宇宙曾经达到的密度，是现在任何人造实验都不能达到的。

物理学里有个现象：压缩气体做功，气体会变热。宇宙也是如此。逆着时间的方向看，宇宙中的体积被压缩。也就是说，早期宇宙不仅比现在密度大，也比现在热。时间越早，温度越高（除一些特殊相变期间以外）。所以，早期宇宙确实稠密而峥嵘。

随着温度变化，物理学涌现出不同的样貌。这为早期宇宙的研究提供了丰富的物理内容。这就是宇宙的"热历史"（见图 2.9）。

图2.9　宇宙的热历史

图中 1eV（电子伏特）相当于 1 万摄氏度，1MeV 为 100 万电子伏特，1GeV 为 10 亿电子伏特。

在宇宙的热历史中，我们不知道其中的很多环节。这是因为，我们目前对基础物理的认识是不完备的。不过，我们知道其中的很多片段。例如，在极早期的宇宙中，曾经有一段宇宙加速膨胀的时期（一般认为是暴胀）。在宇宙诞生后几十皮秒的时候，基本粒子开始获得内禀的质量。几十微秒的时候，质子和中子形成。40 万年的时候，宇宙中第一束光开始自由传播。数亿年的时候，宇宙中的星系开始形成。等等。

下面，就让我们深入地探究其中的两个片段：宇宙中的第一束光，以及暴胀的宇宙。

当第一束光畅游宇宙

前面提到，时间越早，宇宙越热。早期的宇宙像一锅热汤一样。

和理解早期宇宙相比，我们或许对煮一锅热汤更熟悉一些：高温下可以把汤里的东西煮得更"烂"一点，比如可以把骨头和肉都煮得分开了。如果温度很低，例如用凉水泡，它们是不会分开的。

早期宇宙也是如此。早期宇宙的温度，曾经高到连原子核和核外的电子，都能被"煮"得分离开来。这样原子核和电子可以分别运动，而没有被束缚在一起的状态叫等离子状态。

在这种等离子状态的物质中，光不能自由传播。

这是因为，电子可以通过电磁场来改变光的运动。好比每个电子是一把剑，砍到光的时候，光就被迫改变了运动方向与能量。

不过，随着宇宙膨胀，宇宙这锅"热汤"的温度降低了。本来由于高温无法结合的原子核和电子，终于结合在了一起，有点像一锅肉汤冷了以后成了皮冻。

当原子核和电子结合成了电中性的原子之后，原子核和电子的电磁场彼此中和。这就好比本来自由飞来飞去的飞剑，都被套上了剑鞘。这样，电子就不再频繁地迫使光改变运动方向与能量。也就是说，宇宙中第一束自由传播的光诞生了！这个时候，宇宙已诞生了 40 万年。

这些自由传播的光，除了少量与后来的天体发生散射，大多数都在宇宙中畅通无阻。这些最早的光（也就是辐射）传播到现在，像无所不在的背景一样遍布宇宙。所以这些最早的光叫作宇宙的微波背景辐射。

1964 年，贝尔实验室的工程师阿诺·彭齐亚斯（Arno Penzias）和罗伯特·威尔逊（Robert Wilson）致力于降低微波通信的噪音。他们设计了最灵敏的天线，并且确保天线在最佳条件下工作（例如拆除了天线里鸽子做的窝）。可是，他们还是没法把噪音降低到理想的程度。他们沮丧地向物理学家抱怨他们的遭遇。而物理学家兴奋地告诉他们，他们其实已经做出了一个重要的科学发现——发现了宇宙中最早的光。人类就这样发现了微波背景辐射。

我们的地球在宇宙中可以看成一个微小的点。我们看到的各个方向的微波背景辐射，追溯到宇宙年龄只有 40 万年，也就是微波背景辐射发出的时候，组成一个球面（考虑到光速是一个常数）。

微波背景辐射从宇宙只有 40 万岁的时候发出，所以携带了宇宙早期的信息。不仅如此，通过仔细研究微波背景辐射里的蛛丝马迹，科学家还可以研究更早期的宇宙——甚至宇宙刚诞生 10 的负 30 次方秒的时候，宇宙处于什么状态。

怎么通过 40 万岁的宇宙来研究更早期的原初宇宙呢？其奥秘隐藏在下面的一张图里。

图 2.10 是微波背景辐射的温度随方位的微小变化。我们以较近的数据（图的右半部分）为例，仔细观察，我们可以看到微波

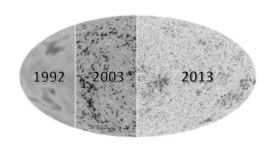

图 2.10　近 30 年来微波背景辐射实验的进展

图上的颜色指微波背景辐射沿各方向的微小温度变化。我们可以明显看到，近期的微波背景辐射实验得到了比以往分辨率更高的结果。

背景辐射上是存在关联的。如果一个点"红"一些，这个点周围的点也较大概率红一些。宇宙中为什么会出现这种空间不同位置上的关联呢？

温度涨落在较小尺度上的关联可以用宇宙40万岁左右时候的物理状态来解释。但是，温度涨落在大尺度上的关联则暗示着宇宙拥有一个非同寻常的婴儿时代。在后文讨论星系的来源时，我们将看到宇宙的婴儿时代究竟为何非同寻常。

暴胀的宇宙

我们暂且放下上文的微波背景辐射温度涨落（稍后再回来），来问一个看似不相关的问题：宇宙为什么这么大、这么古老？

你可能不觉得这是一个问题——人家宇宙本来就是这么大这么老啊。这有什么好问的？

可是并不是所有人都满足这个回答。例如，量子力学的创始人之一，狄拉克（Paul Dirac），在1937年曾经问过一个"大数问题"，为什么宇宙的年龄，用原子甚至基本粒子为单位来衡量，是一个如此巨大的数字（10^{40} 或更大）？

狄拉克当时对这个问题的猜想，从现代物理的观点看来已经有些过时。但是这个问题并不过时。

现在，我们的宇宙在渐渐"变老"——恒星在不断地消耗着核燃料，耗费着宇宙中生命的力量；黑洞不断形成，其趋势似乎不可逆转；空间作为宇宙的骨架，年老时，脊梁会比年轻时更弯曲；暗能量吞噬着宇宙的记忆，将可观测宇宙曾经记住的事情推到世界之外……宇宙变老的时间标度，以百亿年计。

而基本粒子物理中的时间标度，则通常在 10^{-26} 秒以下。归根结底，宇宙是由基本粒子物理所描述的。为何时间标度上能有如此大的差别？

我们暂且不提"暗能量"的事情。除此之外，别的问题，都可以在早期宇宙中解决。

我们看一个直观的类比：人体是由细胞组成的。除了特例，多数细胞的寿命在几小时到几个月之间。但是，人的寿命却通常是几十年的量级。尽管两个数字之间的差别不如宇宙中 10 的四十几次方的差别那么大，但是也是值得思考的。

当然，要仔细研究人的寿命需要很多生命科学的知识，其中很多还是未解之谜。这不是本章讨论的内容。不过，要让人比单个细胞拥有更长的寿命，一个必要条件是人需要由多个具有共性的细胞组成。否则，如果人只有一个细胞，人的寿命不会长过这个细胞的寿命。事实上，人从受精卵发育而来。受精卵先分裂成两个细胞，这两个细胞分裂成四个细胞……这些细胞具有近乎相同的性质。每个人人生的早期，都有这样一个细胞指数增长的过程。这是人的寿命比细胞寿命长的一个前提。

宇宙也正是如此！一般认为（也就是说，暴胀理论尚未被最终确认为科学事实。但是其与实验的相符程度以及在科学家中的认可程度已经达到接近科学事实的标准），在宇宙早期，存在一个空间指数膨胀的阶段，这个阶段很像细胞分裂——一片空间区域膨胀，体积加倍。新的体积又继续膨胀，体积加倍……这样下去，空间自我复制，于是，宇宙的空间体积、特征的时间尺度等，都随着空间的自我复制指数增长了。宇宙的大小、年龄问题也就迎刃而解。这个宇宙婴儿（甚至可以说胚胎）时期的指数膨胀阶段叫作暴胀。

星系从哪里来

在远离万家灯火的郊外，晴朗的夜晚，你仰望星空，银河宛转。正如我们开头说过，银河系是我们的家园。而银河系却是宇宙中无数星系中的一个。你有没有想过，银河系以及宇宙中其他的星系，都从哪里来？

细心的你可能已经找到了答案：前面我们提到过，微波背景辐射的温度有微小的涨落。这些小小的温度不均匀性，也就是密度不均匀性，随着引力的不稳定性，不断放大。最后，这些微小的涨落坍缩成星系团和星系。

然而，好奇的你也会继续追问，那么，微波背景辐射上的微小密度涨落又是从哪里来的呢？

为了了解其起源，我们必须向宇宙更久远的过去追溯。我们遇到了暴胀的宇宙。

暴胀是宇宙指数膨胀的时期。在膨胀的宇宙中，物质密度下降。在指数膨胀的宇宙中，物质密度指数级下降。所以，暴胀的宇宙会将宇宙中原本存在的几乎一切事物稀释殆尽。

可是，就算宇宙暴胀的稀释力量再巨大，也抵抗不了量子力学的基本规律。

量子力学告诉我们，真空并不是空的。真空中存在微小的量子涨落。这些量子涨落好比无风时，海面上也依旧兴起的波涛。量子涨落中，带正能量的粒子和带负能量的粒子产生出来，并且在极短的时间内互相湮灭回归虚空。这样的粒子叫作虚粒子。

在暴胀的宇宙中，这些量子涨落有机会被空间的膨胀拉开。这样，带正能量和负能量的虚粒子不再有机会湮灭回归虚空，因为它们相隔太远。此外，空间膨胀对虚粒子做功，使得无论原本正能量还是负能量的虚粒子都携带正能量，有资格变为真正的粒子，并且随着宇宙膨胀能量越来越大。这样，暴胀期间的量子涨落就变成了实实在在的密度扰动。

在宇宙中近乎所有尺度上，都曾经存在这样的密度扰动。而其中大尺度的密度扰动（尺度和星系、星系团乃至整个可观测宇宙可以相比拟的那些），最终存留下来，成为微波背景辐射中温度涨落的起源，以及宇宙中结构形成的种子。

心理学研究认为，人成年后的很多性格特征，都可以追溯到婴儿时代。现在我们看到，宇宙更是如此。当你仰望银河，想象千亿与银河类似的星系。它们隐约地印证着宇宙暴胀时期的物理过程。现在宇宙已有 140 亿年之老。而暴胀时，宇宙或许才只诞生了 10^{-30} 秒。

物理学的闭环

在人类文明的历史上，有趣的是，多种文明都描绘（甚至崇拜）过同一个形象——衔尾蛇／龙（见图 2.11），例如中国、古埃及、古印度、阿兹特克等。在近现代，衔尾蛇曾出现在苯环发现的传说中、对数学无穷大的想

图 2.11　衔尾蛇的想象图

象中以及物理学中。

物理学的一个本质特征是，在不同的尺度下，不同的物理现象涌现出来。它们服从同一个终极规律（至少我们希望是这样），但是真实物理系统的复杂程度使我们不得不时常用一些简化的"有效理论"来描述这些不同尺度下的物理现象。

这些尺度中，最小的尺度莫过于基本粒子，比如电子、夸克等。在目前我们能观察到的所有尺度下，基本粒子都可以看成是"点粒子"。所以，基本粒子的尺度比我们实验能观察到的尺度还要小，也就是说，小于 10^{-18} 米。研究这些基本粒子的科学是粒子物理。

更大的尺度上，夸克组成质子、中子（强子物理）；质子、中子组成原子核（核物理）；原子核和电子结合组成原子，原子之间结合组成分子（原子、分子物理）；众多的大小分子组成细胞，细胞组成生命（生命科学）；生物与其生存的环境在地球上相互作用（社会、环境科学、地球物理）；我们脱离地球的束缚飞向太空（空间物理）以及仰望星空（天体物理）。

最后，整个的星空，里面的一切组成可观测的宇宙（宇宙学）。可观测宇宙有接近 1000 亿光年的直径。这是物理学能研究的最大尺度。

目前我们还是平铺直叙。然而，我们刚刚提到过，观测到的、极大的宇宙，起源于极小的、极热的以及极高能量的婴儿宇宙。这个婴儿宇宙的能量，高于我们地面上任何物理实验能达到的能量。通过研究这个婴儿宇宙的遗迹（因为我们不能直接回到那个婴儿宇宙中去研究），我们或许可以获得粒子

图 2.12　物理学是个像衔尾蛇一样的闭环

物理的信息——这些信息我们还不能在人造的实验中得到，因为它们需要的能量太高了。

所以说，物理学就是这样一个衔尾蛇。从尺度标度上蜿蜒的长蛇，最终在基本粒子与宇宙两端上首尾相接，成为一个闭环（见图 2.12）。

原初宇宙是一个对撞机

让物理学真的成为闭环，我们需要利用原初宇宙来研究粒子物理。怎么才能做到这一点呢？

一个办法是从粒子物理出发（毕竟和粒子物理相比，宇宙学还是一门年轻的学科。宇宙学里许多分支都脱胎于基本粒子物理），通过我们现在对粒子物理的理解，去推测暴胀是如何发生的，以及在此过程中，是否有额外的现象可以反过来印证对应的粒子物理过程或理论。

不幸的是，在我们目前了解的粒子物理标准模型中，并不存在发生暴胀的条件。想要发生暴胀，或者粒子物理标准模型需要与引力之间有超乎寻常的关系；或者我们需要扩展粒子物理标准模型，去包含除已知粒子外更多的粒子，甚至除点粒子外其他形状的基本物体，例如弦和膜。麻烦在于，这些扩展粒子物理标准模型的方法太多了！目前已知的从粒子物理得到暴胀的模型至少有上百种。而粒子物理学家甚至建议我们可能需要从 10^{100} 个可能的理论中挑选一个（弦景观假说）。从这么多的可能性中找到暴胀模型，就好比让旅行者在每一扇陌生的门上叩问，以寻找自己的家。除非有特别的运气，否则我们通过观测早期宇宙的遗迹，并不足以区分这些粒子物理模型。这是用原初宇宙来研究粒子物理的一个大难题。

不过，我们还有另一个办法：从宇宙学出发。我们暂且搁置"什么粒子物理现象会导致暴胀"的问题，而是着眼于"研究在暴胀期间，基本粒子会呈现出什么样的现象"这样的问题。这样，我们不必在意上百种暴胀模型和 10^{100} 种可能理论，我们只需要专注于暴胀期间基本粒子的性质就可以了。

根据量子力学，暴胀期间的基本粒子，就好比滴答作响、一圈一圈旋转的时钟一样，为我们记录下了它们的振荡信息。这种信息在量子力学中叫"相位"。原初宇宙与现在宇宙一脉相承的联结，使得我们有可能从宇宙中的星系分布中读取暴胀期间基本粒子相位的信息。

当古人仰望星空，凭借他们丰富的想象，把星星连成各种形状。想象它们代表的事物，想象它们之间的故事，想象它们金风玉露的相逢。

而现代的科学家们，也把星系连成各种形状，观测与计算它们的关联。目前，我们尚没有从这些关联中找到暴胀期间基本粒子的信息。不过，实验手段在进步，未来，通过宇宙学研究粒子物理可能在这里成为现实。

暗能量与宇宙的命运

了解了宇宙的现在与过去，接下来，我们展望一下宇宙的未来。在百亿年，甚至更久远的未来，宇宙将会变成什么样子？

我们从一个牛顿力学问题说起。忽略空气阻力，如果你向空中抛一个球，在球上升（速度向上）的过程中，球会加速上升还是减速上升？

如果你学过牛顿力学，相信你知道答案。由于引力的作用，球会减速上升——无论球最终会落回地面，还是（假如你力大无穷的话）球能脱离地球引力被抛到宇宙空间——球在上升阶段总归是减速的。

如果把宇宙中每个天体看成是抛出的球，并用这个图景来想象宇宙膨胀（哈勃最初发现宇宙膨胀就是根据天体像抛出的球一样远离我们），那么是不是说，宇宙膨胀也应该是减速的呢？

假设引力总是相互吸引的，那么，的确宇宙膨胀应该是减速的。这个结论不仅在把宇宙当成抛球的模型中是正确的，在现代的引力理论（广义相对论）里面，这也是正确的。

但是，1998 年，宇宙学家通过对超新星的观测发现，宇宙事实上在加速膨胀。也就是说，宇宙中存在一种能量，它的"引力"是排斥的而不是吸引的。进一步的观测告诉我们，这种奇异的能量，在宇宙中占的比重比宇宙中所有其他物质总和的两倍还要多。也就是说，这种奇异的能量主导了我们的宇宙。由于我们对它的性质一无所知，科学家给它起了个名字，叫"暗能量"。

要精确预言暗能量如何影响宇宙的终极命运，现在还为时尚早。一方面，从基础物理理论上，我们无法解释为何暗能量能存在并且刚好现在主导我们的宇宙；另一方面，从观测上，目前我们对暗能量的观测可以达到百分之几的精度。这说明即使我们用目前的观测进行外推，在远大于宇宙目前年龄的时间上，我们的推理将是不可信的。

不过，目前对暗能量最简单的解释是"宇宙常数"。也就是我们前面提到，爱因斯坦得知宇宙膨胀后立刻抛弃的那个常数。引入它曾经被爱因斯坦认为是他一生中最大的错误。现在，它又回来了。

如果暗能量确实是宇宙常数，那么暗能量的能量密度将不随宇宙膨胀而变化。而其他物质的能量密度被宇宙膨胀所稀释。对我们而言，银河系、仙女系等几十个星系组成了本星系群，这个本星系群由于引力的吸引足够强，可以不被暗能量的排斥力所破坏。其余的所有星系——数以千亿计的星系，将被宇宙的加速膨胀稀释，推出我们的视界之外。我们在百亿年的尺度上，将无法看到它们。

如果这是宇宙的宿命，那宇宙的一生有点像人生。当宇宙是胚胎与婴儿，宇宙一往无前地成长。在成年期，从内向外，宇宙中的恒星输出光和热，照亮生命；同时，从外向内，我们的视界不断变得广阔，我们会不断地站得更高，望得更远。

但是终究，宇宙变老了。

宇宙从内向外变老了。恒星终将老去。新的恒星形成但这个过程并非无限循环。黑洞将越来越多，遍布宇宙，吞噬宇宙生命的力量。

宇宙也从外向内变老了，这是宇宙常数所设下的年龄限制。我们曾经拥有的，将离我们而去，在我们终极视野的边界，化为最暗淡的星光与模糊的记忆。

当然，这只是基于对暗能量最简单的建模做出的推理。宇宙的终极命运，是如雷蒙（Emil Bois-Reymond）所说："我们现在不知道，将来也不知道"，还是如希尔伯特（David Hilbert）所说："我们必须知道，我们必将知道？"[①] 我们只知道我们现在还不知道。

---

① 雷蒙是德国 19 世纪一位著名的生理学家，希尔伯特是德国 20 世纪初一位著名的数学家。西方学术界曾经有过辩论，就是科学是否能最终了解自然。雷蒙和希尔伯特分别代表两种不同的观点。

第三章

物质是如何构成的?

张东才

我们知道物质由原子构成。但原子是那么小，我们如何知道它的结构？为了要了解原子的物理性质，科学家在 20 世纪发展了一套新的理论，称为"量子物理"。这套量子理论是怎么样发展出来的呢？它是如何能解释原子结构和性质的？

人在开始懂事以后，大概都会追问：物质是由什么东西构成的？我们知道物质有多种不同的形态。有的物质是固态的，比如石头；有的物质是液态的，比如水；有的物质是气态的，比如空气。人类很早以前就在思考：不同状态的物质是否由很小的基本单元构成？换句话说，如果我们把一些物质不断地切割，使它变得越来越小，是否有一个最终的限度，不能再分割下去的呢？古代的学者（包括古希腊人和中国的墨子）都认为，物质不是无限可分的。它有一个最小的基本单元。他们把这个组成物质的最小单元称为"原子"。但是，这些原子究竟有些怎样的物理性质？人们并不知道。到了近代，人们通过化学研究逐渐知道很多物质是由不同性质的元素组成的。根据这种了解，道尔顿（John Dalton）提出了一种接近现代的原子学说，1803 年年末在英国皇家学会发表了一系列关于原子论的演讲。道尔顿的理论主要是：
（1）不同的化学元素均由不可再分的微粒组成。这种微粒可称为"原子"。（2）同一元素的原子，无论在质量和性质上都是相同的；不同元素的原子，其质量和性质都不同。（3）当不同的元素通过化学作用来组合时，不同元素的原子会按简单的整数比例结合成化合物。但原子究竟是什么东西？当时并没有人知道。直到 20 世纪初，人们才对原子的构造有了一个比较清楚的认识。

早期的原子模型

在今天，我们知道原子是由带负电的电子和带正电的原子核组成。这个原子模型的建立经历了几个重要的阶段，有好几位科学家做出了关键的贡献。首先是 1897 年英国科学家汤姆逊发现了电子。他提出了一个初步的原子模型［见图 3.1（a）］，英国人称之为"梅子布丁模型"（Plum pudding model）。对于我们来说，他的这个模型有点像一个葡萄干面包［见图 3.1（b）］。根据汤姆逊的猜想，原子里有许多个带负电的电子，它们悬浮在一个均匀分布着正电的圆球里。这个圆球就相当于一个面包，而电子就相当于嵌在面包里葡萄干。这篇文章 1904 年被发表在英国最权威的科学期刊——《哲学杂志》上。

这时候英国的另外一位科学家卢瑟福设计了一个实验来检验汤姆逊的原子模型。他的研究小组利用 α 粒子来撞击一片很薄的金箔，再量度这些粒子的散射模式。他们发现，这些 α 粒子的散射结果和汤姆孙的模型的预期差得很远。根据汤姆孙的模型，大部分的 α 粒子在撞击原子后会改变运动方向。可是实验的结果显示，只有极少数的 α 粒子在散射过程中会改变方向。因此，他们的实验结果显示原子的质量不是平均分布的，而是集中在很小的

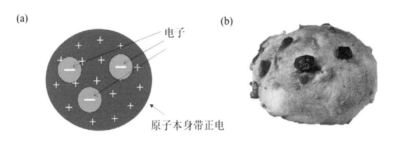

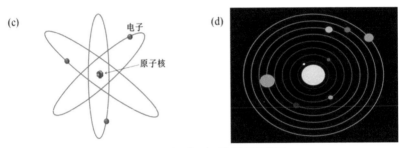

图 3.1　汤姆逊和卢瑟福的原子模型

　　汤姆逊最初的原子模型：（a）原子里有许多个带负电的电子，它们悬浮在一个均匀分布着正电的圆球里。（b）这个圆球就相当于一个面包，而电子就相当于嵌在面包里的葡萄干。（c）卢瑟福后来提出的原子结构模型，原子更像一个微型的行星体系。原子的质量主要集中在带正电的原子核中。（d）它就像我们的行星系统里面的太阳，而电子就像行星一样围绕着原子核转动。

一个原子核中［见图 3.1（c）］。根据这个实验结果，卢瑟福在 1911 年提出了一个新的原子结构模型，就是"行星模型"。在这个模型里，原子的质量主要集中在带正电的原子核中。它就像我们的行星系统里面的太阳，而电子就像行星一样围绕着原子核转动［见图 3.1（d）］。

今天我们知道，原子核由中子和质子组成。它们的质量比电子约大两千倍。因此，原子的质量基本上是集中在原子核中。而原子核是很小的。以氢原子为例，一个氢原子的半径大约是一埃（10^{-10} m），氢原子的原子核就是一个质子。根据最新的研究，一个质子的半径只有 0.84×10^{-15} m。所以，原子核的半径只是一个原子半径的十万分之一。原子里面基本都是空的。

图 3.2　卢瑟福

Ernest Rutherford,（1871—1937）早年凭借对元素的放射性研究，包括对 α 粒子的研究，获得了 1908 年的诺贝尔化学奖。但是他最著名的工作是在 1911 年的金箔实验。根据这个实验他提出了卢瑟福原子模型。

不过，知道了原子的结构并不等于我们就知道原子内部的运动规律。事实上，卢瑟福的原子模型有一个很大的问题。如果原子真的像一个行星系统，电子是绕着原子核转动的，它会由于向心力而有一个加速度。但我们知道一个加速中的电子会不断产生电磁辐射，从而损失能量。这样一来，在原子内持续转动的电子应该是不稳定的。它的能量会不断被消耗掉，最后就会掉到原子核里。但这与实际情况不符。

玻尔的原子模型

卢瑟福的这个原子模型的问题，后来由丹麦物理学家玻尔解决了。他首次把量子的概念导入原子理论当中。玻尔提出了一个假说，就是电子在原子里面的轨道不能是随意的。它必须符合一个量子条件，那就是原子轨道中的电子的角动量必须是量子化的，也就是：

$$角动量 = mvr = pr = n\hbar \tag{3.1}$$

其中：m 是电子的质量，v 是电子的运动速度，r 是电子与原子核的距离，p 是电子的动量，$\hbar$ 是普朗克常数除以 2π（$\hbar = h/2\pi$），而 n 是一个正整数（1，2，3，……）。因此，电子在轨道中不能逐渐改变它的动量，它只能从一个轨道跳跃到另外一个轨道上。但这种跳跃需要吸收或者释放一个光子。所以，当一个原子没有受到激发时，它里面的电子是不能逐渐改变轨道的。这样就解决了原子的稳定性问题（见图 3.3）。

事实上，玻尔的模型不但解释了原子的稳定性，同时解释原子的光谱性质。在 20 世纪初，有好几个实验室利用分光仪来

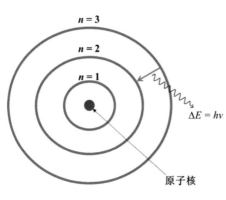

图 3.3 玻尔的原子模型

研究不同的元素在激发态的时候所释放的光谱。他们发现这些光谱是不连续的，形成一些系列的条纹，每种元素的光谱是独特的。人们发现，使用玻尔原子模型可以很准确地解释氢原子的光谱。这样就使得玻尔的原子理论受到了极大的欢迎。

不过玻尔的原子模型并非是完美的。对于氢原子和一些一价原子（如锂原子），它的预测结果与实验比较符合。但对于另一些原子（如氦原子），计算出来的结果与实验数据的吻合程度就较差。另外，玻尔的原子模型完全不能解释塞曼效应（Zeeman effect），就是当原子在强磁场里时，有些光谱线会出现一线分为多线的现象。现在我们知道，玻尔原子模型不完善的地方就是因为该模型并非是一个完整的量子模型，而只是把一个量子条件放在古典电磁学上的模型。所以有人把玻尔模型称为"半古典模型"（Semi-classical model）。要解决玻尔原子模型的困难，就必须依赖其后发展出来的量子力学。

图3.4　玻尔

Niels Bohr，（1885—1962）是丹麦物理学家，早年做过足球运动员。1911 年，他前往英国学习，认识了汤姆逊和卢瑟福，并应卢瑟福的邀请做了一段时间的博士后工作。回到丹麦后，玻尔发展出了他的原子模型。1922年，他凭借对于原子结构和量子理论的研究获得了诺贝尔物理学奖。

量子物理概念的出现

那么，量子力学是怎样发展出来的呢？让我们先来回顾一下 20 世纪初人们是怎样发现量子物理这个概念的。

光的量子性质

在牛顿时期，人们已经在辩论光究竟是一种粒子还是一种波。牛顿本人是偏向认为光是由粒子流组成的。不过，到了19世纪末，基于麦克斯韦和赫兹等人的工作，人们已经普遍认为光是一种波。然而，后来又出现了一些新的实验结果，显示光的物理性质不能全部依赖经典的波动理论来解释。第一个表明光可能具有粒子的性质的证据，是普朗克发现辐射能量在发射过程中是被量子化的。这个实验主要是测量不同温度下的黑体辐射光谱。[①] 在传统的物理学里，光的能量分布应该是连续的。但这个理论预测的结果与黑体辐射的实验结果相差得非常远。1900年，德国物理学家普朗克做了一个大胆的假设。他认为光的能量分布不是完全符合传统理论的设想。光的辐射是不连续的，它释放的能量有一个最小的单位，即一个"量子"（quantum）。因此，光只能通过一串一串的量子把能量释放出去。而每一个光的量子，可以称为"光子"（photon），它的能量（E）是与光的频率成正比的，也就是：

$$E = h\nu \tag{3.2}$$

其中：ν 是光的振荡频率，h 是个常数（现在称为"普朗克常数"）。采用了这个假设，他得到了与黑体辐射实验非常吻合的结果。这项工作在1901年正式发表，从此人们开始意识到光的辐射是以 $h\nu$ 作为能量单位的光子来进行的。

---

① "黑体"是一种理想中的物体，它能吸收所有的辐射，而不发生反射。黑体辐射就是这样的"黑体"发出的辐射，它的光谱和辐射强度只取决于黑体的温度。

普朗克的工作给了爱因斯坦一个极大的启发。爱因斯坦在 1905 年发表一篇关于光电效应的论文。他根据普朗克的理论，提出当光被一个电子吸收的时候，也是以光子的形式进行。每个光子的能量等于 $h\nu$。而且，当光子被电子吸收时，光子的全部能量都会转移到电子上去。运用了爱因斯坦这个理论，人们就可以很容易地解释当时已知的光电效应的实验结果。

图 3.5　普朗克

Max Planck，（1858—1947）是德国物理学家。他最出名的工作是 1901 年发表的普朗克方程，提出了"量子"（quantum）的概念，这项工作使他获得了 1918 年诺贝尔物理学奖。

由于上述研究，物理学家在 20 世纪初开始认识到：物理世界里面能量的分布可能是非连续的。在微观世界里，许多物理现象可能是通过离散（非连续的）的能量来进行的。这里面涉及的最小的能量单位就被称为"量子"，而这种现象就被称为"量子现象"。

物质波的发现与波粒二象性

通过普朗克的黑体辐射工作和爱因斯坦的光电效应理论，科学家在 20 世纪初开始认识到光具有一种粒子性（可称为"光子"）。而且，他们还知道光子的能量是与频率成正比的。因此，人们就可以推断，光子也应该具备一定的动量。而这个动量就是：

$$p = \hbar k \qquad\qquad (3.3)$$

其中：k 是波数（也就是 $k = 2\pi/\lambda$，这里 λ 是光的波长）。这个式子是如何推导出来的呢？从古典电磁学里我们知道 $p = E/c$。应用了普朗克公式，$E = h\nu$，那我们就可以得到上式。

既然光子有一定的能量和动量，它的性质就和一个古典力学里面的粒子相当近似。因此，20 世纪初的科学家就认识到，以前根据麦克斯韦理论被认为是"波"的光，其实也同时具备了"粒子"的性质。另外，根据玻尔的原子模型，却又似乎暗示电子具备了"波"的性质。这是怎么一回事呢？根据玻尔的量子条件 $pr = n\hbar$，如果运用了公式（3.3），我们就可以得到：

$$n\hbar = \hbar kr = \hbar \frac{2\pi}{\lambda} r$$

也就是：

$$n\lambda = 2\pi r \qquad\qquad (3.4)$$

这就表示，电子的圆周轨道的长度应该是电子波长的整数倍。所以，玻尔所建议的量子条件，其实已经暗示了在原子轨道里的电子可能会以一种波的形式存在。

1924 年，法国的一位物理学博士生，叫德布罗意，在他的博士论文里就正式提出一个假设：他认为不但光子符合公式（3.3）的关系，其他带有质量的粒子（如电子）也符合公式（3.3）的关系。这个假设等于说，辐射波与物质波有着相似的物理性质。

德布罗意的假设在当时引起了一些科学家的注意。他这个假设如果成立的话，那么电子和光子的物理性质就应该是很类似的。于是有些科学家开始用实验来检验这个预言。1927 年，有两个不同的实验小组分别发现了支持这个假设的实验证据。一个是在英国的阿伯丁大学（University of Aberdeen）的汤姆逊（G. P. Thomson，他是 J. J. Thomson 的儿子）的实验小组，他们发现让阴极射线（即电子束）通过一个薄片后，会出现一个干涉图像，显示电子的确具有波的物理性质。另一个是在美国贝尔实验室的戴维森（Clinton Davisson）和革末（Lester Germer）小组，他们把阴极射线照在镍的晶体上，观察到电子出现了一种衍射现象，其衍射规律遵循布拉格衍射定律。而且，从这个衍射中测量出来的电子波长，与德布罗意的假说完全一致。因此，这两个实验不但证明了电子的确是有波的物理性质，而且其波长也是符合德布罗意的公式所预言的。

图 3.6　德布罗意

Louis-Vicotn de Broglie，（1892—1987）是法国物理学家。1924 年，他在博士论文中提出了一个大胆的假设，就是电子具备与光子一样的波动性质，而且这些粒子的动量都与它们的波数成正比。这个假设后来得到实验的证实，他因此获得了1929年的诺贝尔物理学奖。

后来，人们不仅仅用电子来进行衍射实验，还用中子、氦原子等不同的粒子来进行实验，得出的结果都与德布罗意的公式一致。于是一个革命性的新物理概念开始形成。在这个新诞生的量子物理里，人们发现不但光波具备了粒子的性质，一些构成物质的粒子其实也具有波的性质。这种现象，就被称为"波粒二象性"。

　　20 世纪二三十年代一连串的实验让人们深刻认识到，有质量的粒子，尤其是电子，虽然看上去是一颗一颗的粒子，但在微观世界里，它同时也具有波的性质。

海森堡的测不准原理

　　量子力学与古典力学一个最大的不同，就是在古典力学里，一个物体的位置和动量都是可以准确测定的。但是在量子力学里，一个粒子的位置和它的动量是不能够同时准确测定的。在力学里面，位置与动量有种特殊的对应关系，称为"共轭"（conjugate）。1927 年海森堡在哥本哈根发表了海森堡测不准原理。他认为所有有着共轭关系的变量在量子世界里面是不能够同时准确测量的。基于什么原因呢？海森堡认为，当一个实验者在测量一个粒子的某些物理性质的时候，就会改变这个粒子的物理状态。例如，假如我们要很准确地测量一个粒子的位置，那么就需要用到波长很短的光子来侦测这个粒子的位置。但这种波长很短的光子本身具有较高的能量，当它被那个粒子反射的时候，就会把一部分的动量转移到那个粒子身上去，从而改变了那个粒子的动量。所以海森堡认为，一个粒子在位置上的不确定性（Δx）与它的动量的不确定性（Δp）是此消彼长的。他推测它们的关系是：

$$\Delta x \Delta p \geqslant h \qquad (3.5)$$

　　其中，h 是普朗克常数。根据海森堡这个理论，人们要量度一个粒子的位置和它的动量，必然会有一些误差。这个误差不是因为测量仪器的不准确而造成的，而是量子系统自身的一种性质。由于速度与动量是成正比的，所以根据海森堡的测不准原理，人们永远无法非常精确地同时测量一个粒子的位置和它的速度。而且，由于时间和能量在物理上也是有一种共轭的关系。所以，根据海森堡的测不准原理，人们永远无法非常精确并同时测量一个粒子的时间和它的能量。

物质波的方程

上文提到的玻尔的原子模型在古典理论的基础上加入了量子的条件，但是把电子当作一个粒子的基本看法是没有改变的。然而，当实验证明了电子的波动性质以后，人们开始认为也许在微观世界里，电子是以一种波的形式存在，而不是以一种粒子的形式存在。这个想法也非常合理。上文提到玻尔的原子模型也还是存在一些不能解释的问题。后来，德国物理学家索末菲（Arnold Sommerfeld）对玻尔的量子条件做了稍微的改动，即把上式改变为一个积分方程。这个改动的好处在于，它不再要求电子围绕原子核运动的轨道为一个圆形，它可以是椭圆形的轨道，只要轨道的长度相等于 n 个波长的长度就成。这就给了玻尔提出的电子轨

图 3.7　海森堡

Werner Heisenberg，（1901—1976）是德国理论物理学家。他把数学中的矩阵引入量子力学，发展出一套量子力学方程。他曾在哥本哈根大学跟随玻尔进行量子力学的研究工作，期间他发表了著名的"海森堡测不准原理"（1927年）。1932年，他凭借对量子力学的研究获得了诺贝尔物理学奖。"第二次世界大战"时，他是德国发展核武器的主要科学家。

图 3.8　薛定谔

Erwin Schrödinger，（1887—1961）是奥地利理论物理学家。他最重要的工作是 1926 年提出的"薛定谔方程"。这个方程成功地描述了一个电子的波动规律，成了量子力学里面最重要的方程，他因此获得了 1933 年的诺贝尔物理学奖。

道一个几何的关系，这个关系也说明电子在原子里的运动符合了一个波的规律。

索末菲的这个工作给了当时的物理学家一个启示：也许应该发展一套波动力学来解释原子里电子的运动规律，而不是用粒子的运动方程来做解释。这是一个新的挑战。很多科学家开始投入这个工作中。其中最成功的就是奥地利的一位物理学家薛定谔。他在 1926 年发表了一系列的文章把电子的波动力学的方程式推导了出来。这个方程式被称为"薛定谔方程"。它在今天已经成为量子力学的基石。

附录：薛定谔方程（Schrödinger equation）

在古典力学里，人们最常使用的是牛顿定律。而在量子力学里，最常使用的就是薛定谔方程。薛定谔方程的推导其实并不太复杂，下面是一个简单的说明。

首先，在写波的方程时，物理学家会用一个算符（operator）来对一个波函数（ψ）进行运算。其次，要把物理量（如能量、动量）转换为算符，就要根据一个"对应规则"（correspondence rule）来进行。如果是在一个最简单的一维空间里，只有 x 和 t 两个变量，那么这个对应规则可以写作：

$$\begin{cases} p \rightarrow \dfrac{\hbar}{i}\dfrac{d}{dx} & \text{（A3.1）} \\[3mm] E \rightarrow i\hbar\dfrac{d}{dt} & \text{（A3.2）} \end{cases}$$

其中 p 是动量，E 是能量，i 是复数。

我们知道，一个电子的总能量是电子的动能（T）加上电子的势能（V）。而一个电子的动能可以写成 $T = \dfrac{p^2}{2m}$，因此，

$$E = T + V = \frac{p^2}{2m} + V \qquad \text{（A3.3）}$$

把式（A3.1）和式（A3.2）代入式（A3.3），就可以得到一维空间的薛定谔方程：

$$i\hbar\frac{d}{dt}\psi(x,t) = \left[-\frac{\hbar^2}{2m}\frac{d^2}{dx^2} + V\right]\psi(x,t) \qquad \text{（A3.4）}$$

薛定谔方程很好地描述了电子的运动规律。不过，对于薛定谔方程中的波函数的物理意义，当时的物理学家，包括薛定谔本人都觉得难以理解。后来，很多物理学家开始尝试对此做出解释。不过对于这个问题，物理家至今没有找到一个很满意的答案。

在薛定谔方程出现以后，物理学界非常兴奋。物理学家开始尝试推导其他的粒子的波方程。例如描述自旋为零的粒子的克莱因－戈尔登方程（Klein-Gordon equation）。

当时的人们已经知道能量与动量的关系满足：

$$E^2 = c^2 p^2 + m^2 c^4 \qquad \text{（A3.5）}$$

把式（A3.1）和式（A3.2）代入式（A3.5），可以得到一维的克莱因－戈尔登方程：

$$\left[\frac{d^2}{dx^2} - \frac{1}{c^2}\frac{d^2}{dt^2}\right]\psi(x,t) = \frac{m^2 c^2}{\hbar^2}\psi(x,t) \qquad \text{（A3.6）}$$

海森堡的量子方程

在量子物理学里，薛定谔方程被广泛地使用。但在量子物理学发展的历史上，基本在薛定谔导出薛定谔方程的同时，另外一组以海森堡为主的德国物理学家提出了和薛定谔方程不同的一组方程。这组方程不使用随时间变化的波动函数，而是使用矩阵的方法，建立了海森堡量子力学方程式。很多物理学家认为，其实海森堡的方程式和薛定谔的方程式是互通的。但由于海森堡方程用了数学上的矩阵，所以更加复杂。在那之前，矩阵是纯数学的范畴，所以一般的物理学家没有学过矩阵，所以人们对海森堡方程的接受程度比较低。海森堡的方程式和薛定谔的方程式虽然是互通的，可以得到相同的结果，但它们的理论基础是不同的。在薛定谔的量子力学里，他用一个算符对一个随时间改变的波动函数进行运算。在海森堡的量子方程里，他把波函数的状态固定，而算符本身是随时间改变的。他利用了矩阵之间不满足交换律的性质建立了这个方程。

量子力学的原子模型

有了薛定谔的电子波方程，人们就可以计算电子在原子里的分布。这时候人们发现把原子的内部结构当作一个小型太阳系不是完全准确的。电子在原子里的运动不像行星的轨道，而更像某种振荡的波。也就是说，电子在某个时间内在原子里面的位置并非是一个特定的点，而是分布在某一个特定的空间之内，这个电子分布的空间就被人们称为"电子云"。

为了说明这个薛定谔方程对于人们了解原子结构的贡献，我们可以以氢原子为例。氢原子是最简单的原子，因为它只有一个电子。利用薛定谔的波方程，人们可以很容易地解出氢原子中的电子的波函数。人们发现这个波函数可以有多个不同的解，每一个解包含有 4 个量子参数：

（1）主量子数 n（相当于玻尔模型里的 n）；

（2）角动量量子数 l（azimuthal quantum number）；

（3）磁量子数 m（magnetic quantum number）；

（4）自旋 s（spin）。

因此，我们可以把这个波函数写为 $\psi(n, l, m, s)$。要使得这些波函数满足薛定谔的波方程，这些参数要符合以下的要求：首先，n 必须是正整数；l 也是整数，它的取值可以从 0 到 $n-1$；m 是 l 的投影，m 可以是正或者负的整数，但它的绝对值不能大于 l。电子的自旋 s 只有两个值，就是 $-1/2$ 或 $+1/2$（见表 3.1）。

表 3.1　量子参数的取值规律

量子参数	取值规律
主量子数（n）	$n = 1, 2, 3 \cdots\cdots$
角动量量子数（l）	$0 \leqslant l \leqslant n-1$
磁量子数（m）	$-l \leqslant m_l \leqslant l$
自旋（s）	$-1/2$ 或 $+1/2$

对于这些电子波函数 ψ 的不同的解，物理学家认为这代表着

电子在氢原子里的不同"轨道"。打个比方，这就像在一个行星系里，可以有多个行星轨道。当原子里的电子处于不同的能级时，它就会占据不同的轨道；也就是说，该电子形成了不同形状的电子云。

下面让我们看看这些不同的电子波函数的具体形状（见表3.2）。我们在前面说过，这些电子波函数包括四个量子参数，就是 n，l，m，s。前三个量子参数决定了这些电子波函数的分布形状。最后一个参数仅代表电子的自旋是正或负。表3.2给我们列出了 $n=1$，2，3 的电子波函数形状。从表里可以看出，当 $l=0$ 的时候，电子波函数的分布基本上很像一个球体。但是当 $l>0$ 的时候，电子波的形状就会变得复杂得多。

表 3.2　不同电子轨道的电子波形状

n	l	m	原子里不同轨道的电子波形状
1	0	0	
2	0	0	
	1	0，1，−1	
3	0	0	
	1	0，1，−1	
	2	0，1，−1，2，−2	

使用了薛定谔方程，人们不但能够计算氢原子里面的电子波函数的分布，人们也可以计算含有多个电子的原子的波函数。人们发现，不论原子里面的电子的数目是多少，基本上每个电子的波函数还是根据上面提到的4个量子参数来决定的。而且，这些参数的规律也和表 3.2 所示的相同。

综上所述，具有不同量子参数的波函数，代表着原子里不同能级的电子轨道。一般来说，当 n 的数值越大，代表着能级越高的电子轨道。电子可以在两个不同能级的轨道之间跳跃。当它从高的能级跳到低的能级，电子就会释放能量。这种被释放的能量以电磁辐射（光子）的形式发出。相反，如果一个电子想要从一个低能级的轨道跳到一个高能级的轨道，它就需要吸收外界的能量（如某种特定波长的光）。

图 3.9　泡利

Wolfgang Pauli，（1900—1958）是奥地利理论物理学家。他的博士生导师是著名的德国物理学家索末菲。他在量子力学里做了大量的工作，最知名的贡献就是发现了"泡利不相容原理"，并因此获得了 1945 年的诺贝尔物理学奖。

泡利不相容原理

那么，对于有多个电子的原子，它们的电子分布是怎么样的呢？例如对于锂原子来说，它有 3 个电子，是否 3 个电子都可以挤到最低的能级的轨道上去呢？德国科学家泡利对这个问题做了很详尽的研究。他发现了一个重要的规律，就是原子里的每个能级轨道只能容纳一个电子。也就是说，每个电子必须占领不同的能级轨道。原子里的电子首先会占领最低能级的轨道，当这个轨道被一个电子占领后，下一个电子就不能再挤到这个轨道上面；它只能去占领另外一个较高能级的轨道。泡利发现的这个规律，后人就称为"泡利不相容原理"。

其实这个原理也不难理解。打一个比方，原子里的电子轨道就像是一场演唱会里的椅子一样，电子就像是一个观众，每把椅子只能坐一个人（见图3.10）。为了靠近演唱者，观众都喜欢坐在前排。根据量子力学对于原子里电子轨道的计算，第一排只有2把椅子；第二排有8把椅子；第三排有18把椅子……先来的人会先占了第一排的椅子。后来的人就只能坐在第二排，更后来的

图 3.10 "泡利不相容原理"示意图

根据这个泡利不相容原理，每个电子轨道只能容纳一个电子，其他的电子只能去占据别的轨道。这就好像在一场演唱会里面，一把椅子只能坐一个观众。在原子里，电子会先占据能级最低的轨道。当这些轨道被占满后，其他电子就会去占据次高的轨道。这就像一场演唱会里面，观众都喜欢挤到最靠近表演者的座位上。等这些前排的座位坐满后，其他的观众就会去坐后一排的座位。

就坐在第三排，依次入座。同样地，原子里的电子首先会占领最低能级的轨道，其他的电子跟着会占领稍微高于最低能级的轨道。"泡利不相容原理"规定的原则：一个电子轨道只能容纳一个电子，就和一把椅子只能坐一个观众一样。

量子力学的应用

量子力学不但解决了原子的结构问题，还为现代科技许多不同领域的发展提供了一个物理基础。这些领域包括原子物理、分子物理、固态物理（包括晶体管、集成电路、微处理器、计算机）、激光、光子学、各种传感器、超导体，以及几乎所有数字化的电子通信设备（包括我们日常用的手机）。因此，量子力学可以说是人类第三次和第四次工业革命的基础。我们现在对所有物质的理解几乎都要归功于量子力学。

下面让我们举三个例子来说明量子力学对于现代科学的贡献。

为何不同元素的原子有不同的化学性质

一旦人们可以用量子力学来计算原子里电子的轨道，科学家就可以很容易地解释不同的元素为何有不同的物理化学性质。化学家在 19 世纪就发现了不同的元素具有某些类似的化学性质，门捷列夫（Dmitri Mendeleev）并据此制成了元素周期表（见图3.11）。图中显示，元素的化学性质与原子序有着密切的关系。由于原子序其实就代表着一个原子里电子的数目，周期表所反映

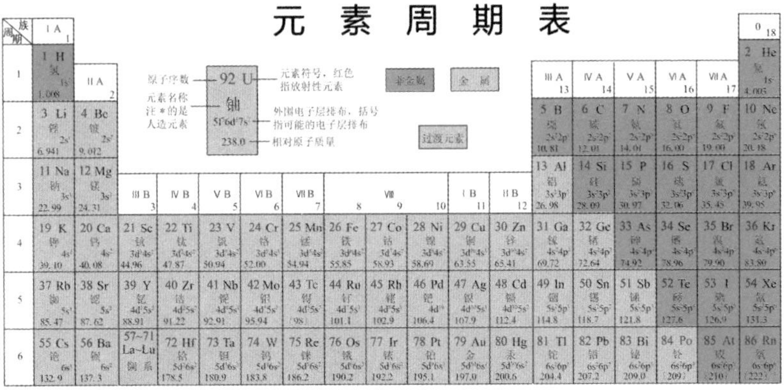

图 3.11 元素周期表

周期表原来是根据不同元素的化学性质来订立的。它的物理基础可以用量子力学来解释。一个原子的化学性质主要由它最外层电子的分布情况决定。科学家可以使用量子力学来计算一个原子里面的电子分布。这个计算的结果就很容易地解释了为何不同的元素有不同的化学性质。这项结果与周期表所表达的完全一致。

的其实是元素的化学性质与一个原子的电子数目的关系。那么，这种关系的物理基础是什么呢？通过量子力学的计算，我们就可以很容易地得到一些合理的解释。

从上面的讨论，我们已经知道，应用薛定谔方程可以计算出原子里不同电子轨道的波函数。每个波函数由四种量子参数（n，l，m，s）决定。这些量子参数的取值，我们在前面的表 3.1 已经列了出来。这些量子参数之间，有一定的规律（见表 3.2）。从这些规律中，我们可以看出来，这些电子的轨道是分层的。例如，$n = 1$ 是最内层的轨道，$n = 2$ 时是次内层的轨道，余类推。因此，科学家可以利用量子力学来探知原子的构造。一旦人们知道了原子里电子的分布，我们就可以利用原子理论来解释原子的化学性质。从而解释了为什么不同的元素会按周期表中所列出的次序来排列。

首先，从泡利不相容原理可知，电子是首先填满内圈的电子轨道，再一层一层地向外圈扩充。原子的化学性质取决于其最外层电子的分布情况。例如，一个原子最外层只有一个电子的时候，这个原子很容易失去这个电子，而变成一个一价的阳离子。相反，如果原子最外层的电子轨道快要填满，只剩下一个空位时，它很容易掳获一个电子而变成一个一价的阴离子。以上这两种元素都会有极高的化学反应能力。

我们也可以想象，假如一个原子的最外层电子轨道是完全填满的，它既没有空位来容纳更多的电子，自己拥有的电子也很难逃脱，那么这种原子就很难与别的原子发生化学反应。事实上，一些惰性气体的元素，包括氦、氖、氩、氪、氙，就是属于这种情形。

根据以上的了解，科学家就可以利用原子里电子轨道的排列情形来解释周期表里不同化学元素的位置。从上面的讨论里，我们知道原子里的电子轨道由 4 个量子数（n，l，m，s）来决定。不同的量子数表示不同的轨道。例如，从表 3.2 可知，当一个原子的主量子数 $n = 1$ 时，它可以有两个电子轨道，就是 ψ（1，0，0，1/2）和 ψ（1，0，0，–1/2）。因此，在原子的最内层，最多只能容纳两个电子。氢原子只有一个电子，所以它的内层电子轨道并没有填满。它很容易失去这个电子而变成了一个一价的阳离子。氦有两个电子，它的内层电子轨道就完全填满了。因而它就成为一种惰性气体。由于原子最内层（$n = 1$）只有两个电子轨道，所以周期表的第一行只有两种元素。到了周期表的第二行，它所对应的原子外层电子轨道 $n=2$。根据表 3.3，$n=2$ 的电子轨道共有 8 个，就是 $l=0$ 的时候有 2 个，$l=1$ 的时候有 6 个。因此，周期表的第二行就可以容纳 8 种不同的元素。这 8 个元素就是锂、铍、硼、碳、氮、氧、氟、氖（见表 3.3）。（注：当 l 在不同值的时候，电子的能级不同，处于不同的亚层。在化学里，$l=0$，1，2，3 的各个能级亚层分别被称为 s，p，d，f 亚层）。

表 3.3　原子里电子轨道的量子参数的不同组合

n	l	m	s	轨道数目	同一电子层的轨道总数
1	0	0	+1/2 或 −1/2	2	2
2	0	0	+1/2 或 −1/2	2	8
	1	−1, 0, 1	+1/2 或 −1/2	6	
3	0	0	+1/2 或 −1/2	2	18
	1	−1, 0, 1	+1/2 或 −1/2	6	
	2	−2, −1, 0, 1, 2	+1/2 或 −1/2	10	

这表列出了主量子数 n 为 1~3 的所有量子参数的组合。在每一种 n，l，m 的组合中，由于电子的自旋 s 可以为 +1/2 或 −1/2，因此其能级有两种可能性。

对于原子序更高的原子，它在周期表里的排列也可以用以上的办法类推。不过，情况会变得稍微复杂一点，就是因为不是所有 $n=3$ 的轨道的能级都比 $n=4$ 的能级低。事实上，当 $n=3$，$l=0$ 或 1 的轨道填满后，电子就开始填充 $n=4$，$l=0$ 的轨道。当这些轨道被填满后，电子才会去填 $n=3$，$l=2$ 的轨道。

所以，我们一旦了解了原子里的电子轨道的分布情形，就可以很容易地用这个原子的轨道模型来解释不同元素在周期表里的排列。

量子化学

我们已经知道，通过量子力学的理论，我们可以计算出原子里的电子轨道，从而了解这些原子的物理和化学性质。不过，我们日常见到的很多物质不是以单个原子的形式存在，而是以分子的形式组成的。一个分子可能由两个原子构成（如氢气 H_2），也可能由多个原子构成（如糖分子）。那么，要如何了解分子的物理和化学性质呢？利用量子力学的理论，科学家就可以计算分子里的电子轨道。

像氢气、氮气、氧气这些由两个原子组成的分子可以叫作"双原子分子"，这是最简单的一种分子结构了。还有一些分子是由几个不同种类的原子共同组成的，如一个氨基酸分子，其分子结构会更加复杂。越复杂的分子，构成这个分子的不同原子里的电子轨道就会越多。因此，要计算分子轨道并不容易。现在这种计算一般都需要用电脑模型来进行。

这些工作，现在属于量子化学的范畴。量子化学研究主要使用了量子力学原理来计算电子在分子内不同时间的分布。这种研究一般假设原子核处于静止状态，电子绕着原子核运动（这种假设称为"玻恩 – 奥本海默近似" Born-Oppenheimer approximation）。早期的量子化学主要从事小分子系统的研究。但随着计算机的运算能力越来越强，现在的量子化学研究已经可

图 3.12　鲍林

Linus Pauling，（1901—1994）是美国著名的化学家，早年曾去欧洲留学，接触到了很多量子力学上的前沿发展，并利用量子力学详细计算和描述了化学键的性质。化学键的工作使他获得了 1954 年的诺贝尔化学奖。另外，他首先使用 X 射线衍射的方法来研究蛋白质的结构，并提出了蛋白质中有 α 螺旋和 β 折叠的结构。这项工作被认为启发了后来的 DNA 双螺旋结构的发现。鲍林还是一位著名的和平主义者，因为参加反对核武的运动而获得 1962 年的诺贝尔和平奖，成为除居里夫人以外唯一一位获得两个不同类别的诺贝尔奖的得主。

以处理对大分子的结构研究。

量子化学的计算根据薛定谔方程。量子化学的第一个已知的案例是 1927 年德国物理学家海特勒（Walter Heitler）和弗里茨·伦敦（Fritz London）对氢（H_2）分子的计算。他们的方法后来被美国物理学家斯莱特（John C. Slater）和化学家鲍林扩展成为价键方法（Valence Bond method）。这种方法主要针对原子之间成对电子的相互作用，因此这种方法与经典化学的化学键在观念上相通。这样一来，人们就可以应用量子力学的计算来解释当一个分子形成时，原子的电子轨道是如何结合以产生单独的化学键的。

凝聚态物理学

近代，量子力学对人类社会影响最大的地方主要在于它在固态物理学上的应用。今天我们日常使用的电子设备，无论是智能手机或电脑，还是音像设备以及银行柜员机等，都是基于量子理论的应用。因为有了这套量子理论，科学家才能成功地了解各种物质的物理性质，尤其是固态物质的不同导电能力的性质。我们知道固体的导电性质可以分为三类：

（1）导体；

（2）半导体；

（3）绝缘体。

导体和绝缘体的导电性质是完全不同的。当有外加电压时，导体（如大部分的金属）很容易通过电流，绝缘体则很难有电流通过。半导体，顾名思义，其导电能力比导体差，但是又比绝缘体好。那么，为何这三种不同的材料会有不同的导电性能呢？

一种物质的导电性质不但取决于其构成的原子本身的性质，也取决于其原子是如何排列的。不同的排列形成的材料会有非常不同的物理性质。有些材料里的原子是以一种晶格（crystal lattice）结构来排列的，这种材料被称为"晶体"（crystal solid），例如常见的冰或者食盐。有些固体是以单晶体的状态出现的，例如钻石；有些则以多晶体的形式出现，例如一块钢。当然，有许多物质的原子组合并不是以晶格的结构排列的，这种不规律的排列方式使得这些物质的物理性质比晶体更复杂。

应用了量子力学，科学家就可以计算晶体里面电子轨道的能级分布。一种固体由很多个原子组成，由于这些原子的排列非常紧密，其外周的电子轨道可以融为一体。根据量子力学的计算，这些综合的电子轨道组成一些带状的结构（见图3.13），每一条带上可以有大量的电子轨道，这些固体里的电子可以在这些带状的电子轨道上自由流动。我们已经知道电子会首先抢占能量低的

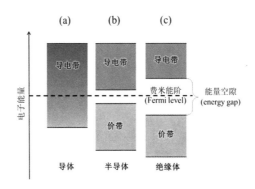

图 3.13　固态物质里的能带模型

在一些有晶体结构的物质里，其电子可以在不同原子之间流动。根据量子力学的计算，这些电子的轨道组成了不同的带状能级。在费米能阶之下的电子轨道带称为"价带"，在费米能阶之上的轨道带称为"导电带"。价带与导电带之间的能量空隙的大小基本上决定了这种固体物质的导电性质。

轨道，根据泡利不相容原理，一个电子轨道一旦被占用就不能挤下更多的电子。因此，一般情况下，固体里的电子都会先占满能量较低的轨道带。

在固态物理里，有一个重要的概念，叫作"费米能阶"（Fermi level）。这个能阶代表着固体内共享电子的平均能级。当这个能级在一个电子的轨道带的内部的时候，这种固体就表现为导体。由于电子具备热能的缘故，有些电子会从比费米能阶稍低的能级轨道跳跃到比费米能阶稍高的电子轨道。这样，在比费米能阶稍低的能级轨道里，就会出现一些空穴，相当于带正电的粒子。而在比费米能阶稍高的能级轨道里，会被一些自由电子占领。当这个固体被加上电场时，这些自由电子和那些带正电的空穴就会随着电场而流动。这种固体的导电性很强，因此被称为导体［见图

3.13（a）］。

相反，如果费米能阶在两个能带之间，而且这两个能带之间的能量空隙非常大，远超过一般电子的热能，这种固体就成为绝缘体［见图 3.13（c）］。为什么呢？因为在费米能阶以下的能带，这时候已经全部为电子所占据，没有空位，这个能带就称为"价带"（valence band）。而在费米能阶以上的能带称为"导电带"（conduction band），并没有被任何电子占领。由于能量空隙远比电子的热能高，没有电子能够从价带跳跃到导电带上。因此，这种固体上的导电带没有自由电子，而它的价带也没有空穴，使得这种固体不能导电。

有些固体被称为"半导体"，其能带结构与绝缘体相近，也就是说，费米能阶在价带与导电带之间。不过，在半导体里，价带与导电带之间的能量空隙很窄，比一个电子的平均热能为小［见图 3.13（b）］。因此，在室温的情形下，个别的电子会从价带跳到能量更高的导电带上面去。这时候，导电带就有了一些自由电子，而价带里也出现了一些空穴，这种固体在外加电场中就可以部分地产生电流。

以上能量带的模型被称为电子的能带（energy band）结构。通过这个能带的模型，科学家可以很容易地解释不同物质的导电性质。这个能带模型最初由物理学家布洛赫（Felix Bloch）提出，据说他是海森堡的第一个研究生。这个模型的建立主要是通过解出薛定谔方程在一个由正离子构成的晶格里电子的运动。通过对固态物质量子力学的研究，科学家和工程师就可以充分地了解半导体的导电特性。科学家后来又制造了一些 P 型和 N 型半

图 3.14 巴丁

John Bardeen，（1908—1991）是一位美国物理学家。他和同事发明的晶体管带来了电子工业的革命，也因此获得了 1956 年的诺贝尔物理学奖；1972 年，他又凭借对超导体的理论研究再次获得诺贝尔物理学奖。至今为止，他是唯一一位获得过两次诺贝尔物理学奖的人。

导体，并利用两者之间的结合形成了一些 "PN 结"（p-n junction），它们有非常独特的导电性质。利用这些半导体材料，美国的科学家巴丁及其合作者在 20 世纪 40 年代末发明了半导体三极管（双极性晶体管，bipolar transistor），这项发明开始了电子器件的革命。从此人们就可以开发出日渐复杂的电子元件，包括集成电路（integrated circuit）和大型的集成电路（LSIC），并最终发展成了今天通用的电子芯片（IC chips）。在今天的一些电子设备里（如智能手机），一个核心芯片里面可能包含几百万个甚至几千万个晶体管。因此我们可以说，是量子力学在固态物理里面的应用，才成就了今天的革命性的信息时代。如果没有量子力学，就没有现代的计算机、互联网等电子技术。

第四章

现代粒子物理学的标准模型

张东才

现在已知原子是由更基本的亚原子粒子构成的。不过，人们发现有些组成原子的粒子（质子和中子）也并非是最基本的，它们本身又是由一些更基本的粒子构成的。事实上，宇宙中有数以百计的不同性质的粒子。有些粒子相信是用来组成物质的，而有些粒子却被认为是用来传递物质与物质之间的作用力的。目前的粒子物理学是如何解释这些粒子的来源和性质的？

20 世纪上半叶的物理学研究基本是为了解决原子物理的问题和发展出量子力学。到了 20 世纪下半叶，很多物理学家开始从原子向更加微观的结构进行探索，希望了解比原子更小的基本粒子。在研究原子物理的早期，只有几种有限的基本粒子为人们所知，包括前面讲到的电子，原子核里的质子和中子。但是，后来人们发现，物理世界里的粒子远不止这些。通过对宇宙线的观察，人们发现还有许多不属于原子内部结构的粒子，例如"μ子"（muon）。而且，人们发现宇宙中不仅有质子、中子，还有它们的反粒子，就是反质子和反中子。此外，为了解释粒子与粒子之间的互相作用，有人又提出了中微子（neutrino）的存在。"第二次世界大战"以后，科学家建立了对撞机，把一些基本粒子加速，然后观察它们对撞以后的产物。通过这种对撞机的实验，人们发现了更多的粒子。当对撞机的能量越来越大，发现的粒子也越来越多，数以百计的新粒子被发现出来。但其中大部分粒子很不稳定，有的只能存在极短的时间。人们观察到有些粒子会衰变成另一种粒子；过一段时间，又会进一步衰变成另一种粒子。因此，到了 20 世纪中叶，许多核物理学家都在研究为何会有这么多粒子，这些粒子为何会衰变，粒子和粒子之间的关系又如何。对这些问题，科学家们做了大量理论和实验的研究。这些研究后来成了在现代物理学里非常重要的一个分支：粒子物理学。下面我们就介绍科学家现在对于粒子物理学的基本了解。

粒子从何而来：狄拉克理论

图 4.1　狄拉克

粒子物理学的第一个问题大概就是：粒子是从何而来的？有没有一个物理的理论可以解释粒子的来源？ 20 世纪初，当人们在建立原子理论和量子力学时，并没有触及电子是从哪里来的问题。第一个尝试具体回答这个问题的是狄拉克的理论。当时狄拉克知道薛定谔方程是不符合相对论的性质的，只能描述一个低速运动的粒子。因此，他希望能导出一个符合相对论的量子力学方程式。其实，在狄拉克以前，已经有物理学家尝试过。那就是克莱因和戈登发展出的克莱因 – 戈登方程（Klein-Gordon equation）。不过克莱因 – 戈登方程有一个缺陷，就是它

Paul Dirac,（1902—1984）是一位英国理论物理学家。他对量子力学的发展做出了很多创建性的贡献。他推导了第一个符合相对论性质的量子力学方程（"狄拉克方程"），并预言了反粒子的存在。这项工作使他获得了 1933 年的诺贝尔物理学奖。

不能完全满足电子分布的连续性要求。为了解决这个问题，狄拉克想到一个办法，就是把克莱因－戈登方程线性化。他从而得到了一个符合相对论性质的量子力学方程。这个方程后来被人们称为"狄拉克方程"（Dirac equation）。这个方程是目前研究电子运动的一个非常有用的方程。

不过，狄拉克方程也并非没有问题的。它的解给出的电子能量可以有一个正值或者负值，这个正值的解是人们所预期的电子的能量，但是那个负值的电子能量是什么意思呢？狄拉克想出了一个主意，居然把他这个理论的缺陷变成了一个新的发现。他解释说，一个粒子可以有正能量也可以有负能量。正能量的粒子是我们看得见的，负能量的粒子则是我们平时看不见的。他认为真空里其实存在着无限个负能量的电子，占满了所有负能量的电子轨道。根据泡利不相容原理，当某个能级被电子占领以后，就不能吸纳更多的电子了。由于真空中所有负能量的能级都已经被电子充满了，没有其他的电子可以进入这些轨道；这些负能量的电子就成了一种背景，所以我们平时不会见到负能量电子的作用。

根据狄拉克的理论，真空中正能量电子的能级与负能量电子的能级之间有一个比较大的空隙，就好像绝缘体的导电带与价带之间的能量间隙。这个能量的差异为电子静止能量的两倍。这样，一般的能量扰动是无法让负能量的电子跳到正能量的能级上去的。那么，什么情况下这些负能量的电子才能跳到正能量的能级上去呢？那就是当真空受到一个非常大的能量的激发时，例如吸收了一个 γ 射线的光子时，一个吸收了光子的电子就会被激发，从负能量的能级跳到正能量的能级上去（见图 4.2）。这个被激发的电

子就变成了我们平常看得
见的自由电子。因为这个
电子的逃逸，在它原来的
负能量的能级上就空了一
个位置出来，这个空穴，
就表现为一个带正电的粒
子，被称为电子的反粒子
（antiparticle）。

因此，一个 γ 射线光
子可以同时激发出一个电
子和一个带正电的粒子，
这个过程被称为"成对产
生"（pair creation）。
在 20 世纪 20 年代末，人
们知道的带正电的粒子只
有质子，因此当时狄拉克
曾经错误地以为这个电子

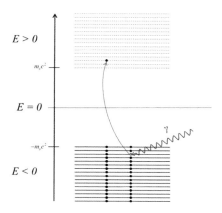

图 4.2　狄拉克关于电子的量子模型

狄拉克认为电子可以具备正和负的能
量。在没有激发的情况下，所有负能量的
能级都被电子占满了，而正能量的能级是
空的。当电子受到激发时，一个负能级的
电子会跃进到正能级的轨道上。这个游离
的电子就是一般能观察得到的电子。而这
个电子原来能级轨道中的空穴，就表现为
一个带正电的电子，也就是电子的反粒子
（正电子）。

的反粒子就是质子。不过，电子和质子的质量不同，狄拉克最初
的猜想显然是不对的。后来，人们才认识到电子的反粒子应该是
一个带正电的电子，或称为"正电子"（positron）。根据这个解
释，狄拉克的理论（Dirac theory）就预言了一种正电子的存在。

这个预言后来得到了实验的支持。1932 年，安德森（Carl
Anderson）在使用云室研究宇宙射线时，发现了一种带正电，质
量与电子相同的粒子，也就是证实了"正电子"的存在（见图

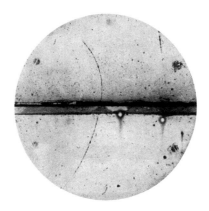

图 4.3　云室中出现的正电子轨迹

4.3）。这个实验结果为狄拉克理论提供了有力的支持。1933 年，狄拉克与薛定谔一起获得了诺贝尔物理学奖。3 年以后，安德森也因为发现正电子而获得诺贝尔物理学奖。

　　在粒子物理学里面，狄拉克的理论是一项开创性的工作。这是第一次解释了为何有粒子和反粒子的存在。这项工作同时也为粒子从何而来提供了一个解释。这两个问题都是非常重要的问题。因此，直到今天，有很多介绍量子场论的教科书依然会把狄拉克的这个理论作为解释粒子来源的起点。按照这个模型，粒子早已预先存在于真空之中。不只是电子，每一种具有反粒子的粒子都可以用这个理论来解释。也就是说，所有这些粒子都已经事先存在于真空中，只是它们是在负能量的能级上，只有当真空被激发的时候，这些粒子才会出现。而这些粒子的反粒子则只是这种粒子在负能量的能级上的一个空穴。这是解释粒子是如何出现的一个很简单的图景。当然，未来的科学家还需要追问，为何真空里会有无数个粒子存在？

值得一提的是，狄拉克虽然似乎并不为大众所熟悉，但在物理学界，他是非常有影响力的科学家。举例来说，杨振宁对狄拉克就非常推崇，认为他的文章写得是"秋水文章不染尘"。狄拉克曾与玻尔合作，和海森堡也是好友。海森堡曾讲过一个关于狄拉克的逸事。狄拉克与海森堡有一次一起坐邮轮去旅行。海森堡经常参加船上举办的舞会。他和一个又一个女伴跳着舞，狄拉克却一直在一旁看着，没有跳。后来，狄拉克问海森堡，为什么你那么喜欢跳舞呢？海森堡答道："和一些好女孩一起跳舞不是一件快事吗？"狄拉克问："但是你如何在事先就能知道她是一个好女孩呢？"从这个例子，可以看出来狄拉克是如何严肃的一个人。

更多基本粒子的发现

在 20 世纪初人们已经知道，宇宙中的"基本粒子"其实不限于亚原子粒子（包括质子、中子和电子），携带辐射能量的"光子"也可被视为基本粒子的一种。后来，通过对宇宙射线的研究，科学家发现更多的基本粒子。19 世纪末，人们已经发现在不稳定的同位素原子里，会发生三种不同的辐射：α，β 和 γ。后来人们发现 α 辐射就是原子核里释放出一种 α 粒子（由两个质子加两个中子组成的，相当于氦的原子核），β 辐射就是原子核释放出电子，γ 辐射就是原子核释放出一个高能量的光子。20 世纪初，很多科学家开始研究宇宙射线，它的能量远比同位素的辐射高。他们发现宇宙射线里有许多新的粒子。从这些粒子的质量、电荷和自旋来判断，它们与一些已知的亚原子粒子很不一样。

此外，物理学家从 20 世纪 30 年代后期开始构建一些粒子的加速器，并让那些被加速的粒子对撞，再观察它们对撞后所产生的产物。在这些对撞实验里，物理学家建造了一些观察粒子轨迹的仪器，其中最主要的就是"云室"（cloud chamber）。当一个带电的粒子通过这个云室的时候，它会留下一些轨迹。只要在云室中加上磁场，就可以从轨迹分析出粒子的质量和其携带的电荷。于是，通过这些实验，物理学家就可以分析粒子对撞实验里所产生的产物是什么样的粒子了。

通过上述的宇宙射线研究和对撞机研究，科学家从 20 世纪中期开始发现了大量新的粒子，它们与已知的亚原子粒子不一样。人们从此认识到，宇宙中并不是只有电子、中子和质子等组成原子的粒子，还有很多别的基本粒子。

费米子与玻色子

这些新发现的粒子，绝大部分属于费米子。科学家认为基本粒子根据它的自旋可以分为两类：自旋为 1/2 或 3/2 等非整数的粒子，称为费米子（fermion）。这些费米子包括电子、中子、质子，等等。另外一些自旋为整数（0，1，2 等）的粒子，叫作玻色子（boson）。我们前面提到的光子，它的自旋为 1，因此被认为是玻色子。

在粒子物理学里，科学家认为费米子和玻色子有完全不同的物理性质。费米子是组成物质的最基本的单位；而玻色子并不参与物质的组成，它只参与传递物质与物质之间的作用力。

另外，科学家还发现，费米子与玻色子符合不同的统计规律。

费米子服从"费米 – 狄拉克分布"（Fermi-Dirac statistics），费米子因此必须遵守泡利不相容原理。玻色子则服从"玻色 – 爱因斯坦分布"（Bose-Einstein statistics）；玻色子不需要遵守泡利不相容原理。

粒子动物园

从 20 世纪 30 年代开始，科学家们不断发现新的粒子。首先，通过研究宇宙射线，他们观察到有新的粒子的出现。后来，科学家构建了不同能量的加速器，在对撞实验中又观察到许多新的粒子的产生。第一个粒子加速器于 30 年代后期在剑桥大学建成，称为"考克饶夫 – 沃尔顿加速器"（Cockcroft-Walton accelerator）。他们通过产生高势能的电压差来加速带电的粒子，然后让它们进行对撞，以研究其对撞后出现的新的粒子。40 年代，在美国的伯克利建立了第一个回旋加速器（cyclotron）。50 年代以后，各式各样更多更大的加速器建立起来了，包括直线加速的范德格拉夫（van der Graaff）加速器。60 年代芝加哥费米实验室（Fermilab）和纽约布鲁克黑文国家实验室（Brookhaven National Laboratory）都各自建立了新的同步加速器（synchrotron）。在这种设计里，粒子在一个真空的环形的管道里运动，利用以波状前进的电场对带电粒子进行加速，同时利用磁场来控制粒子运动的方向。这样的设计可以达到比以前的设计更高的能量。到了 70 年代，美国建造了斯坦福 SLAC 加速器（见图 4.4）。后来，位于欧洲日内瓦的欧洲核子研究中心（CERN）又建造了超级质子同步加速器。这些加速器帮助科学家们发现了数以百计的新粒子。

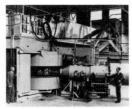

20世纪30年代考克饶夫—沃尔顿加速器　　　　20世纪40年代伯克利的回旋加速器

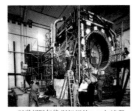

20世纪60年代布鲁克黑文国家实验室同步加速器　　20世纪70年代斯坦福的SLAC加速器

图4.4　20世纪不同年代建成的粒子加速器

　　今天，世界上能量最大的加速器就是位于欧洲核子研究中心的大型强子对撞机（Large Hadron Collider，LHC）（见图4.5）。这个加速器非常巨大，它建在一个圆周为27公里的圆形隧道内，位于地下50~175米，能量可以达到6.5 TeV。隧道本身直径3米，位于同一平面上。虽然隧道本身位于地下，许多设施如冷却压缩机、控制电机设备等都建于地面。LHC从2008年9月10日开始试运转。大型强子对撞机是一个国际合作计划，由全球85国家的多个大学与研究机构合作兴建，经费大部分由欧洲核子研究组织会员国提供。

　　这些在加速器里新发现的粒子，质量不一。由于很多新的粒子都是从对撞机里发现的，科学家不再使用多少克这样的单位来形容粒子的质量，而是改用粒子的能量〔以"电子伏特（eV）"作为单

图 4.5　欧洲核子研究中心的大型强子对撞机

大型强子对撞机（LHC）位于瑞士和法国边境的日内瓦（左图）。它的周长有 27 公里。加速器的粒子运动管道埋在地下（右下图）。为了精确地探测粒子对撞后的产物，它建有几个巨型的探测器。右上图就是其中一个探测器（ATLAS）。这个探测器是非常复杂和巨大的。图中红色箭头标示了一个站在探测器里的人，由此读者可以知道这个探测器有多大。

位] 来进行描述。根据是质能互换的公式 $E = mc^2$。一个电子伏特的能量是很小的（ 1 eV/c^2 = 1.783×10^{-33} g ）。如果用 eV 的单位显示，一个电子的质量约相当于 0.5 MeV（百万电子伏特，10^6 eV ）。绝大部分的粒子的质量都比电子高。表 4.1 是一些在 20 世纪 50 年代已知的粒子，其质量用"百万电子伏特"来表示。

从表 4.1，我们就可以很容易地发现，宇宙里的粒子并不单只是组成原子的"亚原子粒子"，还有很多新的"基本粒子"。有的粒子的质量比质子和中子轻，例如 K 介子（Kaon）和 π 介子。有的比质子和中子重得多，例如 Λ 粒子（Lambda baryon），Σ 粒子（Sigma baryon）和 Ξ 粒子（Xi baryon）。表 4.1 所示的每一种"粒子"，其实也同时包含着它的反粒子。而且，有些粒子还往往以一种家族的形式出现，里面包含了多个成员。例如，

K 介子家族有四个成员（K^+，K^0，K_S^0，K_L^0）；Λ 粒子的家族中有
4 个成员（Λ^0，Λ_c^+，Λ_b^0，Λ_t^+）；Σ 粒子和 Ξ 粒子的家族则各自
有 10 多个成员。加上这些粒子的反粒子，其数量就更庞大了。不
过，大部分这些粒子都是不稳定的，他们的平均寿命远远小于 1
秒钟（见表 4.1）。能够稳定存在的粒子主要还是质子与电子。
质子的平均寿命估计长过 10^{29} 年。中子在原子核里是长期稳定
的。但是当中子从原子核里释放出来时，单独的中子的平均寿命
不到 15 分钟。

表 4.1　20 世纪 50 年代已知的亚原子粒子及当时已发现的一些新粒子

粒子名称	粒子质量	平均寿命
电子（e^-）	0.511 MeV	长期稳定
质子（p）	938 MeV	长期稳定（>10^{29} 年）
中子（n）	940 MeV	在原子核内长期稳定，在原子核外 882 秒
中微子（ν）	接近 0	长期稳定
μ 子	106 MeV	2.2×10^{-6} 秒
π 介子	140 MeV	2.6×10^{-8} 秒
K 介子（K^0）	495 MeV	1.2×10^{-8} 秒
Λ 粒子（Λ^0）	1116 MeV	2.6×10^{-10} 秒
Σ 粒子（Σ^0）	1193 MeV	7.4×10^{-20} 秒
Ξ 粒子（Ξ^0）	1315 MeV	2.9×10^{-10} 秒

　　20 世纪 50 年代，加速器的能量只到 GeV（10 亿电子伏特，
10^9 eV）的级别。后来加速器越做越大，到了现在，有些对撞机的

能量已经可以达到 100 TeV（1 TeV = 10^{12} eV）的数量级了。由于这些对撞机的能量大大地增加了，后来发现的粒子就越来越多。

那么问题就来了：难道这么多新发现的粒子都是基本粒子（elementary particle）吗？按理来说，自然界不可能有那么多的"基本"粒子。这把当时的粒子物理学家都搞糊涂了。因此，当时有人把这个情况称为"粒子动物园"。也就是说，这些所谓"粒子"，在自然界里的数量非常多。我们的搜捕能力越强，就可以把更多的新品种加入这个"粒子动物园"里。不过这些新粒子的发现，并不能够帮助物理学家更好地了解自然规律，而只是增加了他们的困惑。因此，著名物理学家兰姆（Willis Lamb）在 1955 年发表获得诺贝尔物理学奖的演说时，打趣地说："有人说从前发现一个新粒子的人能获得诺贝尔物理学奖，现在发现一个新粒子的人应该被罚款 10000 美金。"

这些新发现的粒子数以百计，显然不是所有粒子都是"基本的"。我们预期自然界应该只有少数几种真正"基本"的粒子。许多这些被发现粒子，可能只是一些"更基本"的粒子的组合体。这种想法就催生了后来的夸克（quark）模型。

构成物质的基本作用力

这个夸克模型的建立，不只是为了解释粒子的结构，同时也为了解释原子核里面的作用力。粒子物理学除了要解释粒子的物理性质以及粒子与粒子之间的关系，还要了解粒子与粒子之间的作用力。20 世纪的前 30 年里，科学家基本已经掌握了量子力学。但是这个理论架构，主要是为了解释原子的构造原理和原子里的电子的运动。这是属于原子物理的范围。但是，原子核里的构造是怎么样的？原子核里面的亚原子粒子的互相作用是怎样的？这些问题是量子力学不能够回答的。要解决这些问题，人们就需要一些更新的物理理论。

量子力学为何不能够帮助我们了解原子核里的构造？这是因为原子核里的结构和原子是非常不一样的。我们知道原子核和电子能够结合在一起形成一个原子是靠着不同电荷之间的吸引力。但这样的理论不能应用到原子核里。原子核是由质子和中子组成。质子全部都是带正电的，中子都是电中性的。理论上，一堆带正电的粒子挤在一起是不稳定的；它们会互相排斥。如果单从电磁力来看，原子核应该会很快地就分崩离析了。因此，物理学家认为原子核里还存在一种远比电磁力强大的作用力来保持原子核的稳定。这种力被称为"强作用力"。那么，强作用力究竟像什么样子呢？科学家完全不知道，当然也找不到一个方程来表达这种力。这个问题在 20 世纪中对物理学家们提出了一个巨大的挑战。

除了这个强作用力，后来人们又发现了另一种核力："弱作用力"。当时人们发现了一种奇怪的现象，就是一些同位素原子的原子核里会放出 β 辐射。前面我们提到，β 辐射释出的就是电子。那么为何只带正电的原子核里会跑出一个带负电的电子呢？人们后来发现这个电子是原子核里一个中子衰变后的结果。

也就是说，当一个中子（n）发生衰变时，它会变为一个带负电的电子（e⁻）、一个带正电的质子（p）和一个中微子（v̄）（见图 4.6）。人们就不禁要问：是什么力量控制着中子以避免它出现这样的衰变？或者反过来问，是什么力量打碎了这个中子，让它变成了电子和质子？物理学家认为，这个力量与前面提到的把质子和中子拉在一起的强作用力是不同的，他们称之为"弱作用力"。

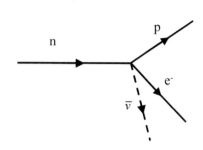

图 4.6　一个中子的 β 衰变

强作用力和弱作用力都是短距离的作用力，它们主要作用在原子核里面。强作用力的范围大约为 10^{-15} m，而弱作用力的范围小于 10^{-18} m（见表 4.2）。

表 4.2　自然界四种不同的作用力

作用力	有效范围	相对强度（以电磁力作为 1 倍）
重力	无穷远（$1/r^2$）	10^{-41}
电磁力	无穷远（$1/r^2$）	1
弱作用力	很短（$<10^{-18}$ m）	10^{-4}
强作用力	很短（约为 10^{-15} m）	60

汤川模型（Yukawa model）

那要如何解释原子核里的强作用力呢？ 20 世纪 30 年代有一位日本物理学家叫汤川秀树。他提出了一个模型来描述强作用力，这个模型认为质子与中子之间的强作用力是通过交换一种媒介粒子来表达的。这就好像人们在互动中，需要通过声音来传达信息。例如，你和你的一位朋友交谈时，你问了他一个问题，他跟着回答了你。在这个过程中，你和你的朋友相当于在交换声波。如果把声波看作一种粒子（可暂时称为"声子"），你们的互动就是在交换声子。另一个例子是，当两艘船在夜晚的海上行驶，它们需要互相通信。一方面它们会打出不同的灯光来；另一方则接收这个灯光的信号。光其实就是一束光子。因此这种交流也可以看作两艘船通过交换光子来进行交流的。于是，一些物理学家就猜想粒子与粒子之间的交流也可能是通过传递另外一种媒介粒子来完成的。

事实上，自从狄拉克的电子理论出现以后，人们又把它扩展为量子场理论，称为"量子电动力学"。在该理论里，电子与电子之间的相互作用，可以用光子的生成和湮灭来解释，这也非常符合"电子之间的相互作用是通过光子的交换"的想法。

当然，汤川秀树的强作用力的模型还有很多数学的计算，比我们这里介绍的更加复杂。他还做出了一种估计，这个负责质子与质子之间的相互作用力的媒介粒子是一种"介子"（meson）。根据强作用力能够存在的距离，他估计这种介子的质

图4.7 汤川秀树

（1907—1981）是日本理论物理学家。他在1935年提出了一个解释强作用力的模型。他认为强作用力是由一种叫作"介子"的粒子来传递的。这个想法对后来的粒子物理学产生了很大的影响。他在1949年获得诺贝尔物理学奖。

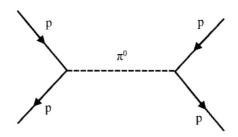

图 4.8　汤川秀树的强作用力模型

根据汤川模型的想法，粒子之间的作用力是通过玻色子的交换来传递的。当时人们认为传递质子与质子之间的强作用力是 π 介子（pion）。

量大概是电子的几百倍，比质子要小得多。在当时人们还没有发现这种粒子。1936 年，安德森从在对宇宙射线的观察中发现了"μ子"。μ 子的质量（≈100 MeV）大约是电子质量的两百倍，在电子和质子的质量之间，符合汤川秀树的模型。因此，当时人们以为这个 μ 子就是汤川模型里预言的介子（见图 4.8）。

但在后来，更多的实验发现这个 μ 子并不参与强作用，它并不是汤川模型里的介子。第二次世界大战后，加速器的能量越来越大，新发现的粒子也越来越多。3 位在英国工作的科学家（包括鲍威尔）在 1947 年发现了 π 介子。它的质量要比 μ 子大（≈140 MeV），而且它的性质比较符合汤川模型的预测，因此人们认为它就是汤川模型里的"介子"。因此，汤川秀树在 1949 年获颁诺贝尔物理学奖。而鲍威尔在 1950 年也获得了诺贝尔物理学奖。

直到 20 世纪 80 年代粒子标准模型建立的时候，人们才发现这个 π 介子其实是一个由两个夸克组成的基本粒子，而不是一个传递作用力的媒介粒子。因此，一些粒子物理学家原本以为 π 介子是传递质子与质子之间的强作用力，却发现这又是一个误会。

后来盖尔曼（Murray Gell-Mann）等人发展出夸克理论，该理论认为传递强作用力的其实是一种叫作"胶子"（gluon）的玻色子。与汤川的模型不同，夸克理论里的胶子不是单一的，而是有很多种。这个夸克理论目前已被普遍接受。不过直到现在，科学家还无法直接观察到胶子。

总而言之，虽然汤川的强作用力模型后来被证实是错误的，但是这种"作用力是通过媒介粒子的交换而实现"的观点却已经成了粒子物理学里一个主流的想法。

粒子物理学对弱作用力的解释

在粒子物理学的历史里，对强作用力的猜测和研究比较多，但其发展也较为曲折。对弱作用力的研究反而相对顺利。粒子物理学家认为，不论是强作用力、弱作用力，还是电磁力，宇宙中所有的作用力都是通过交换媒介粒子来达成的。这些媒介粒子必须是玻色子。玻色子分为几种。最简单是光子（$h\nu$），用于传递电磁力。当两个带电的粒子在通过电磁力互相作用的时候，它们其实是在互相传递光子。用光子的交换来解释电磁力的作用的理论被称为"量子电动力学"（Quantum electrodynamics），它出现得比较早，大约在 20 世纪中叶就已经发展得很成熟了。而对于强作用力和弱作用力的解释则一直没有成功。1954 年，杨振宁和米尔斯（Robert Mills）发表了杨－米尔斯理论（Yang-Mills

图 4.9　杨振宁（左）　李政道（中）　吴健雄（右）

　　杨振宁（1922—）与李政道（1926—）是华裔理论物理学家。他们 1956 年提出在弱作用力里宇称不守恒。这个理论很快得到另一位物理学家吴健雄（1912—1997）的实验验证。这项工作让杨振宁和李政道在 1957 年获得了诺贝尔物理学奖。另外，杨振宁在 1954 年提出的杨－米尔斯理论在粒子物理学里也有重要的影响。

theory），提出了一个"规范场"（gauge field）的想法。这个理论最初是为了解释强作用力，但没有成功。这个理论的想法后来被 3 位物理学家格拉肖（Sheldon Glashow）、萨拉姆（Abdus Salam）和温伯格（Steven Weinberg）用来解释弱作用力取得了成功。后来，人们认为电磁力和弱作用力是可以合并在一起来解释的（见图 4.11）。当温度较低的时候，电磁力和弱作用力是分开的。但是当温度很高的时候，电磁力和弱作用力就可以合并在一起，成为同一种力了。也就是说，虽然我们今天看到的电磁力和弱作用力是分开的，但在宇宙之初，温度很高的情况下，它们是合二为一的"电弱作用力"。于是他们进一步发展出了电弱交互作用理论（electroweak theory，或者取这 3 位科学家的姓氏首字母

图 4.10　格拉肖（左）　萨拉姆（中）　温伯格（右）

　　格拉肖（Sheldon Glashow，1932—）是美国物理学家；萨拉姆（Abdus Salam，1926—1996）是巴基斯坦理论物理学家；温伯格（Steven Weinberg，1933—）是美国理论物理学家。他们3人因为建立了"弱－电磁力（electro-weak）理论"而获得了1979年的诺贝尔物理学奖。

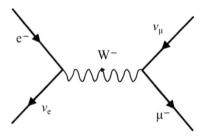

图 4.11　粒子物理学里弱作用力的模型

　　类似于汤川模型里认为强作用力是靠交换玻色子的想法，粒子物理学家认为弱作用力也是靠玻色子的交换来传递的。上图是一个例子，显示了轻子之间的弱作用力是靠 W 玻色子的交换进行的。

的 GSW 理论）。

传递弱作用力的玻色子有三种：$W^{\pm}$ 与 Z 粒子。W^+ 粒子是带正电的，W^- 是它的反粒子，带负电。Z 粒子是不带电的。它们的自旋都为 1。

粒子物理学对强作用力的解释

那么，既然已经有理论解释电磁力和弱作用力，强作用力又用什么理论来解释呢？传递强作用力的玻色子最初被认为是 π 介子（参考前文提到的汤川模型）。后来人们发现 π 介子并不是一个玻色子，而是一个由两个费米子组成的粒子。为什么最初科学家会误以为 π 介子是一个玻色子呢？原来组成 π 介子的两个费米子的自旋正好互相抵消了，因此 π 介子的自旋为 0。这才会使得科学家弄错了 π 介子的性质。现在的粒子物理学理论认为强作用力的传导者是"胶子"。

现在的粒子物理学家用来解释强作用力的理论称为"量子色动力学"（Quantum Chromodynamics，

图 4.12　盖尔曼

Murray Gell-Mann，（1929—2019）是美国一位粒子物理学家，长期在美国加州理工学院工作。他在粒子物理学领域上做出了很多的贡献。1964 年他提出了夸克模型来解释强子的结构，因此获得了 1969 年的诺贝尔物理学奖。

QCD），这个"色"是颜色的意思。强作用力和颜色又有什么关系呢？这就需要先了解现代粒子物理学里的夸克模型。这个夸克模型在 1964 年由美国科学家盖尔曼提出。这个模型今天已经成为粒子物理标准模型里面一个主要的组成部分。

标准模型与夸克

根据这个标准模型，人们可以把基本粒子的组合大大地简化（见图 4.13）。首先，这个标准模型把宇宙中所有的粒子分为两大类，就是我们上文讲到的费米子和玻色子。宇宙中所有的物质都是由费米子组成，而玻色子则只参与传递费米子与费米子之间的作用力。玻色子只有 4 种，就是传递电磁力的光子，传递弱作用力的 W 和 Z 玻色子，以及传递强作用力的胶子。而费米子的数量则较多，它的组合也较为复杂。

为了进一步区分不同物理性质的粒子，这个标准模型接着又把费米子再分为轻子（lepton）和强子（hadron）。轻子本身就是一种基本粒子，数量有限（共有 6 个）。强子（例如质子和 π 介子）是由夸克组成的复合粒子，因此严格来说本身不是基本粒子。强子由于可以通过不同的夸克组合来组成，数量可以非常多。

现代的粒子物理学认为，真正能够被称为"基本粒子"的费米子只有轻子和夸克。而它们又可以分为 3 个世代。每个世代有两种夸克（见表 4.3）。较为复杂的是，每种夸克不但有自己的反粒子，每种夸克还有 3 种"颜色"。这些所谓"颜色"，其实也不是真的像一般的颜色（红、绿、蓝），而是为了方便数学演算的模拟性质。

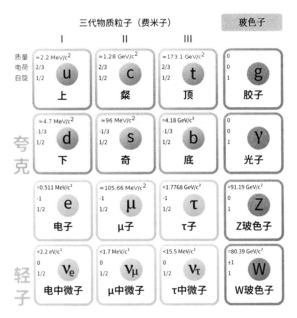

图 4.13　粒子物理学的标准模型

　　上图是截至目前总结粒子物理学理论最全面的一个示意图。左边 3 行列出的是组成物质的费米子，其中上面的两行是 3 组夸克，下面两行是三组轻子。每种夸克包含 3 种"颜色"并有着自己的反粒子；右边的一行列出的是传递作用力的玻色子（又称"规范玻色子"，gauge boson）。其中的"胶子"其实代表着 8 种不同的胶子，分别负责传递不同"颜色"的夸克之间的强作用力。

表 4.3　费米子可以分为 3 个世代

世代（generation）	夸克	轻子
1	上夸克（u）、下夸克（d）	电子、电中微子（v_e）
2	奇夸克（c）、粲夸克（s）	μ 子、μ 中微子（v_μ）
3	顶夸克（t）、底夸克（b）	τ 粒子、τ 中微子（v_τ）

目前观察到的强子数以百计，因此标准模型又把它们再分为两类，就是介子和重子。介子由两个夸克组成，而重子由 3 个夸克组成。例如我们在上面提到的 π 介子，就是由两个夸克组成；而在原子核里的中子和质子，都是由 3 个夸克组成，属于重子（见图 4.14）。

这个标准模型如何能解释我们观察到的不同粒子的组成呢？质子和中子都是属于重子。我们可以用这两种常见的粒子来说明一下夸克是如何组成重子的。根据这个标准模型，一个夸克（或其反夸克）的自旋都是 1/2，符合费米子的要求；但它们所携带的电荷不是整数，而是 ±1/3 或 ±2/3 个电子电荷。利用这个标准模型，人们就可以很容易地解释不同强子的电荷。例如，质子是由 3 个夸克组成，那就是两个上夸克和一个下夸克（uud）。上夸克的电荷为 +2/3，下夸克为 –1/3。因此，一个质子的电荷为 +1。

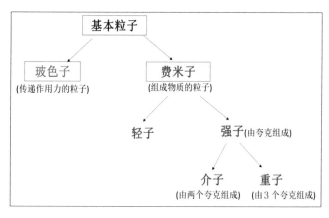

图 4.14　标准模型对粒子的分类

一个中子由一个上夸克和两个下夸克（udd）组成，它的电荷总数为零（见表4.4）。

表4.4　利用夸克模型解释强子所带电荷

	粒子	组成粒子的夸克	粒子所带的电荷
重子	质子	两个上夸克和一个下夸克（uud）	$e_p = 2/3 + 2/3 - 1/3 = 1$
	中子	一个上夸克和两个下夸克（udd）	$e_n = 2/3 - 1/3 - 1/3 = 0$
介子	π介子	一个上夸克和一个反下夸克（u$\bar{\text{d}}$）	$e_{\pi_+} = 2/3 + 1/3 = 1$
	π介子反粒子	一个反上夸克和一个下夸克（$\bar{\text{u}}$d）	$e_{\pi_-} = -2/3 - 1/3 = -1$
	中性的π介子	一个上夸克和一个反上夸克（u$\bar{\text{u}}$）或一个下夸克和一个反下夸克（d$\bar{\text{d}}$）	$e_{\pi 0} = 2/3 - 2/3 = 0$ or $-1/3 + 1/3 = 0$

通过这个夸克模型，科学家就可以很容易地解释在对撞机实验里发现的数以百计的新粒子。这些新的粒子的衰变过程也可以用这个模型来解释。例如，在β衰变里，一个中子里的下夸克（d）会衰变为一个上夸克（u）。这样一来，中子就变成了质子，而同时释放了一个带负电的电子。

在目前的粒子物理学标准模型里，还有一种粒子没有在图4.13中标出，那就是希格斯粒子（Higgs boson）。它的性质很奇怪，它既非组成物质的费米子，也并不传递任何自然界的作用力，它的功能被认为是赋予其他粒子质量。换句话说，目前的理论认为一个粒子的质量来自该粒子与希格斯粒子场的相互作用。不过，这样的关系不容易用具体的事例来解释，即使一些权威的粒子物理学家也没法说清楚。

希格斯粒子在 20 世纪 60 年代就已经被提出，许多物理学家曾经使用过多个加速器想去寻找它，但一直没有成功。这使得有些物理学家非常沮丧，曾经称这种粒子为"上帝诅咒的粒子"（Goddamn particle）。这在西方社会其实是一句脏话，因为它亵渎了上帝。后来人们为了美化这句脏话，就把希格斯粒子改称为"上帝粒子"（God particle）。2012 年，有两个 LHC 对撞机的实验小组得出了一些数据，可以解读为希格斯粒子存在的证据。不过，目前还不能够确定这些新发现的粒子一定就是理论上原来预测的希格斯粒子，所以现在很多文献把它们叫作"像希格斯的粒子"（Higgs-like particle）。

从粒子物理学的标准模型来看自然

总结而言，根据现有的标准模型，我们的物质世界是一个粒子的世界。物质是由亚原子粒子组成。以前人们以为亚原子粒子就是基本粒子。现在人们认识到并不是所有的亚原子粒子都是基本粒子。有些亚原子粒子，如电子和中微子的确是基本粒子；但有些亚原子粒子，如质子和中子都是复合粒子（Composite particle）而不是基本粒子。

所有的物质都是由费米子组成的，费米子可以分为轻子与强子，轻子又可以再分为 3 个世代（见表 4.3）。电子和电子家族的轻子质量都比较小，μ 子和它的家族比电子和电子的亲戚要重很多，τ 粒子和它的家族粒子又比 μ 子家族的粒子要重很多。这些轻子都是基本粒子。此外，强子并不是基本粒子，而是复合粒子。

上文提到的通过对撞机发现的"粒子动物园"中的数以百计的粒子就是强子。而所有的强子都是由夸克（以及夸克的反粒子）组成。夸克才是基本粒子。现在科学家认为夸克分为 6 种，有 3 个世代，每个世代有两种夸克。每种夸克还有自己的反粒子。每种夸克又分 3 种不同的"颜色"：红、绿、蓝。这里所谓的"颜色"并不是真正的颜色，而是不同的属性。当把 3 种不同的颜色放在一起的时候，就会综合成白色。负责传递强作用力的胶子就是作用于不同的"颜色"的夸克之间。因此用来解释强作用力的理论就被称为"量子色动力学"。强作用力被认为就是通过交换胶子而改变夸克"颜色"的过程。这些胶子也分为很多种，它们分别负责作用于不同颜色的夸克之间。

弱作用力则是交换 W 粒子和 Z 粒子来改变夸克的"味道"（flavor），所谓"味道"也不是真正的味道，而是物理学家把同一个世代的两种夸克称为有不同的"味道"。例如上夸克和下夸克就是有不同的"味道"，就好像一个是甜的，一个是咸的。当把一个甜的夸克变成了一个咸的夸克（例如把上夸克变成了下夸克），发生的作用就叫作弱作用力。

通过有 3 个世代，3 种"颜色"和两种"味道"的夸克，物理学家就可以用它们来解释各式各样的复合粒子的结构。虽然这个理论框架看似简单，但如果要用它来解决具体的应用问题还有不少复杂的计算。另外，截至目前，人们也不能依靠实验来观察到一个单独的夸克的存在。人们也不能侦察到单个的胶子。现在的理论认为，这是由于"夸克禁闭"（quark confinement）导致的现象。简单来说，要把两个夸克分开，就像在拉橡皮圈一样。

当越用力地拉一个橡皮圈，橡皮圈绷紧以后就越难拉。因此我们可以想象，当两个夸克的距离越大时，要分离它们的能量就越高。所以在实验上，是无法分离出单个的夸克的。

还有一个问题，对于重子而言，它的质量并不是其组成的夸克的质量的叠加。其质量的很大一部分来源于其中的夸克与夸克之间的结合能（binding energy）。例如质子是由 uud 夸克组成，u 夸克的质量为 2.3 MeV，d 夸克的质量为 4.8 MeV，因此 uud 夸克的质量的和为 9.4 MeV，而一个质子的质量为 938 MeV，显然 3 个夸克的质量总和也只是质子质量的 1/100。质子的质量主要来自它的结合能。

目前，标准模型还不能解释自然界所有的作用力。从标准模型的粒子观点来看，每一种作用力都是靠交换玻色子来传递作用力的。因此，每种作用力都会对应着某种玻色子。例如，电磁力就是靠交换光子完成的，弱作用力是靠交换 W 粒子或是 Z 粒子，强作用力是靠交换不同的胶子。那么，万有引力呢？现在的量子场理论还没有办法成功解释万有引力。人们推测万有引力要靠交换"引力子"（graviton），其自旋为 2。但如果把这些性质放入现在的量子场理论中，其结果是不收敛的，也就是说其计算的结果会变成无穷大。因此，至今为止，还没有一种成功的引力的量子场理论。另外，在实验上，也从来没有证据侦测到有一种像"引力子"一样的粒子的存在。

第五章

神奇的量子世界

张东才

美国有一位著名的物理学家理查德·费曼曾经说过一句很有名的话："我敢保证没有人真正了解量子力学。"他为什么这样说？量子力学真的那么神奇吗？在本章里，我们回顾为什么目前最牛的科学家对量子世界还有那样大的困惑。

经典物理理论难以解释微观世界

　　量子的物理世界和直观的物理世界的最基本的一点区别是，它们的尺度非常不一样。在第一章里，我们已经把量子的物理世界和直观的物理世界的尺度用一个图来表示了（见图 1.12）。量子世界其实是在微观世界里，而直观世界的尺度要比微观世界大得多。那么，量子世界在哪些方面与我们的直观世界不一样呢？

　　首先，在量子世界里物质的物理性质很难界定。如果我们观察一个亚原子的粒子，它在许多地方完全不像一个我们熟悉的粒子（如一颗弹珠），更像是一种波。关于这种实验的观察我们在下面会有更详细的描述。

　　相反，一些我们原来认为是波的东西，例如电磁的辐射波，它有时候又表现得很像一个粒子。我们在第三章里已经介绍过，从普朗克的黑体辐射实验和爱因斯坦的光电效应理论，电磁波可以表现为一个粒子，被称为"光子"。到了 1923 年，康普顿

（Arthur Compton）进行了一系列 X 光对电子的散射实验。其结果显示，光子的运动十分像一个粒子一样。它的能量和动量跟一颗弹珠没有分别。从此，光子的概念便普遍受到物理学界的接受。

上面两种现象就使得很多物理学家认为，在微观世界里，许多东西可以既像粒子也像波，他们称这种现象为"波粒二象性"。

这种波粒二象性现象在 20 世纪初就已经被观察到了，发现已近 100 年。可是到了今天，物理学界还是没有给出很好的解释。

此外，在微观世界里，在对物体的观察上，也有一些奇怪的地方。例如，对于一个粒子，人们不能同时准确测定它的位置和速度。这与经典力学里面的直观世界很不一样。这种无法同时测定位置与速度的现象，并非是由于实验仪器精度的不足，而是微观自然世界里似乎有一种内在的限制，使我们不能同时测量两种具有共轭关系的物理参数（如位置与动量，或者时间与能量）①，这个规律称为"海森堡测不准原理"。对于这个测不准原理的物理基础，传统的粒子物理学无法给出适当的解释。

由于微观世界里面的粒子物理性质不能使用传统经典物理学来解释，所以在 20 世纪初，科学家们就发展出一套新的物理学理论，就是量子力学。在这套量子理论里面，粒子就不仅仅被视为一个质点（有如一个钢珠），而同时被认为具有物质波的性质。事实上，量子力学里面所采用的方程，主要是用来计算物质波的分布的。

---

① 由于物体的速度与动量是成正比的，因此一个粒子的位置和速度不能被同时精确地测定。

图 5.1　理查德·费曼

Richard Feynman，（1918—1988）是美国一位著名的理论物理学家。他对量子电动力学的发展有过巨大的贡献。他提出了使用"费曼图"的技术作为分析粒子互相作用的计算工具，并发展出了粒子物理学里的重整化计算方法（renormalization）。因此，费曼在 1965 年获得诺贝尔物理学奖。费曼是一位很有个性的科学家，为人高调，爱出风头。他在加州理工学院的物理讲座非常有名，这个讲座的内容被编成一套书，称为《费曼物理学讲义》（The Feynman Lectures on Physics），在美国许多一流大学成为物理学生的必读课本。英国杂志《物理世界》在 1999 年对全球 100 多位顶尖物理学家的民意调查中，费曼被评为有史以来最伟大的 10 位物理学家之一。

物理学家在使用量子力学来解释原子结构方面获得非常大的成功。跟着，他们又使用了量子力学来解释电子与光子的相互作用，称为"量子电动力学"。在这项工作里，有几位物理学家做出了很大的贡献，包括前面提过的狄拉克，以及后来的费曼和施温格（Julian Schwinger）。不过，虽然量子力学在计算上获得极大的成功，可是对于它的物理基础，物理学家一直难以解释。例如，对于如何解释物质波的物理意义，科学家们还有很多争议。费曼可以说是一位顶尖的量子物理学家，他十分了解目前量子理论在概念层面上遇到的难题，也很诚实地承认自己没有真正明白量子力学的物理基础。不过，他是一位非常有自信的人，既然他自己没搞懂，他就认为大概没有人能搞懂量子力学的物理基础是什么。

光子并不像一个经典的粒子：相对论及其背景

微观世界与直观世界的分别，不仅仅在于波粒二象性与测不准原理，粒子的运动规律也不完全符合牛顿力学的经典理论。这种情形在光子的运动上尤其突出。在 19 世纪末一些光干涉实验中，人们就观察到光子的运动与经典力学的计算结果并不吻合。其中最有名的实验就是迈克耳逊 – 莫雷实验（Michelson-Morley experiment）（见图 5.2）。

迈克耳逊 – 莫雷实验原来的设计是为了测量以太（aether）与地球的相对运动。什么是"以太"呢？"以太假说"在 19 世纪是一种非常流行的理论，许多著名的物理学家都曾经积极地研究它。我们知道，许多类型的激发波都与介质的振动有关。例如，声波是其传播介质（空气、水或固体）的振动。大约 200 年前，科学家已经认识到光是由振荡波构成的，因此他们认为空间里必须有一种传递光波的介质。这种看不见的介质被称为"以太"。有些物理学家甚至认为以太的物理性质有点像弹性固体。20 世纪以前，许多著名的物理学家和数学家，包括法拉第（Faraday）、亥姆霍兹（Helmholtz）、麦克斯韦（Maxwell）、斯托克斯

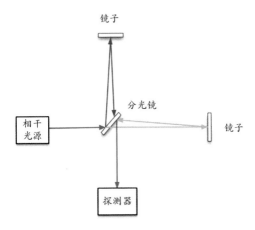

图 5.2　迈克耳逊 - 莫雷实验

　　这是 19 世纪末一个非常有名的实验。当时的物理学界认为，光有一种传播介质，称为"以太"。如果这个理论是对的话，地球以每秒 30 公里的速度绕太阳运动，就必然迎面受到每秒 30 公里的"以太风"，从而必然对光的传播产生影响。为了验证"以太风"存在与否。一些科学家就利用光的干涉仪来进行实验。迈克耳逊 - 莫雷实验的基本原理是：如果"以太风"的速度为零时，干涉仪里的两束光应同时到达探测器，因而相位相同；若装置相对以太运动，"以太风"速度不为零，则两束光波到达探测器的时间不同，因此相位也不同。这就会显示一种不同的干涉图像。他们的实验结果显示不论干涉仪与地球运动的方向做任何改变，两束光到达探测器的时间都会相同。因此，这个结果不支持以太风的存在。

（Stokes）、泊松（Poisson）、高斯（Gauss）和黎曼（Riemann）等，都曾积极地参与以太理论的研究。

　　19 世纪末，人们就开始设计种种的实验去验证以太的存在。其中较著名的就是用一个光的干涉仪去测量以太与地球的相对运动。在这里面，迈克耳逊 - 莫雷实验是最精确的。迈克耳逊 - 莫雷实验得出的结果，却非常令人惊讶。不论迈克耳逊和莫雷怎么小心地去进行他们的实验，他们始终量度不到以太与地球的相对运动。他们只能得出一个结论，就是以太并不存在。不但如此，他们还发现了一个非常奇怪的现象，就是光的传播似乎与地球的运动无关。不论光是顺着、反着，还是垂直于地面的运动方向，光的传播速度始终不变。如果把光视作一种运动中的粒子，这种情形与经典力学的预期完全不一样。

图 5.3　迈克耳逊（左）　莫雷（右）

Albert A. Michelson，（1852—1931），Edward Morley，（1838—1923）。他们两位都是美国的物理学家。迈克耳逊和莫雷在 1887 年共同合作进行了光的干涉实验。他们的实验结果被认为是推翻了以太假说，并为爱因斯坦提出的狭义相对论给了极大的启发。迈克尔逊在 1907 年因此获得了诺贝尔物理学奖。

　　这个意外的发现在 19 世纪末困扰许多科学家。当时一位资深的物理学家洛仑兹（Hendrik Lorentz）对迈克耳逊 – 莫雷实验的结果提出了一种非常大胆的解释。他提出了一种假说，就是当一个物体在运动时，它的长度可能会变短；而它的时间会变慢。而且，他还导出了一些数学公式来说明一个运动体系与一个静止体系之间的时空坐标是如何变换的。这种变换后来就被称为"洛伦兹变换"（Lorentz transformation）。应用了洛伦兹变换，就可以使得对于光的运动的计算符合迈克耳逊－莫雷实验的结果。

洛伦兹的理论虽然能够解释实验结果，但它有很多人为的假设，道理也非常复杂。人们很难判断他的理论是否合理。

图 5.4　洛伦兹（左）　庞加莱（右）

Hendrik Lorentz，（1853—1928）Henri Poincaré，（1854—1912）。洛伦兹是荷兰的一位著名理论物理学家，他在 1902 年因为解释原子光谱学的磁效应的工作获得了诺贝尔物理学奖。他所导出的洛伦兹变换是目前应用狭义相对论的必用公式。庞加莱是一位法国的数学家和物理学家。根据杨振宁的说法，他是当时两位最伟大的数学家之一。庞加莱是第一个提出相对性原理的学者。

洛伦兹的理论后来就被另外一个较为简单的理论取代了。19世纪末，许多科学家已经认识到在很多物理现象中，物体的运动规律是相对的。例如，法拉第在早前发现了当人们把一个磁铁插入或者拔出一个线圈的时候，线圈内磁场的改变会导致这个线圈出现一个感应电动势，这种现象称为"电磁感应"。人们发现这个感应电动势只取决于磁铁与线圈的相对运动，而非绝对运动。也就是说，如果比较两种实验情形：（1）让线圈固定，而磁铁运动；（2）让磁铁固定，线圈运动。我们会发现这两种情形所产生的感应电动势是一样的。这种相对性原理引起了当时一位著名的数学家庞加莱 (L. H. Poincaré，1854—1912) 的注意。他对钻研这个问题很有兴趣。事实上，相对性 (relativity) 这一名词的发明者并不是爱因斯坦，而是庞加莱。庞加莱在 1904 年的一次演讲中有这样说[①]："根据相对性原则，物理现象的规律应该是同样的，

图 5.5　爱因斯坦

Albert Einstein，（1879—1955）是近代最著名的理论物理学家。他在多个领域做出了重要的贡献，包括光电效应、狭义相对论、广义相对论、统计力学等。他在 1921 年因为光电效应的工作获得了诺贝尔物理学奖。他在中年以后致力于发展重力与电磁力的统一场论，但没有获得成功。爱因斯坦是一位活跃的社会活动家，在政治和哲学上都很有影响力。他既是一位和平主义者，但又是美国发展原子弹的主要促进者。正是根据他的建议，罗斯福总统才决定成立了美国的原子弹发展计划。但在"第二次世界大战"结束以后，爱因斯坦又成了一位反对核武器竞赛的知名人士。

---

① 《新世纪的物理学》(*Physics for a New Century, AIP Publication on History, Vol.5, 1986*)。

无论是对于固定不动的观察者，或是对于做匀速运动的观察者。这样我们不能，也不可能，辨别我们是否正处于这样一个运动状态。"这一段话清楚地表达了他对于"相对性"这个概念的重视。

在庞加莱发表讲演一年以后，一位年轻的学者爱因斯坦在《物理年鉴》（*Annalen der Physik*）杂志发表了一篇论文——《论动体的电动力学》（*Zur Elektrodynamik bewegter Körper*），里面提出了应用相对性原理来解释迈克耳逊－莫雷实验得出的结果。这篇论文用了两个非常简单的假设：（1）在所有惯性系统里面，电磁和光的运动规律都是一样的，这项假设就称为"相对性原理"[①]；（2）光在真空中的速度都是恒定的。根据这两个假设，爱因斯坦很容易地就导出了洛仑兹变换的数学结果。他这种推导方式比洛仑兹用的简单得多。

爱因斯坦在1905年发表的这篇论文后来成为近代物理的一篇经典之作。这篇文章不但使用非常简洁的推论解决了迈克耳逊－莫雷实验结果带来的困惑，它还提出了一种深刻的哲学概念，就是我们的自然世界的物理规则是相对的，而非绝对的。[②]

爱因斯坦这篇文章的理论后来被称为"狭义相对论"。它

[①]　爱因斯坦的原文是："In all coordinate systems in which the mechanical equations are valid, also the same electrodynamic and optical laws are valid... We shall raise this conjecture (whose content will be called "the principle of relativity" hereafter) to the status of a postulate..." [A. Einstein. On the electrodynamics of moving bodies (1905) in The Collected Papers of Albert Einstein, the Swiss Years: Writings, 1900–1909, Vol. 2, transl. Anna Beck, J. Stachel et al, Ed. (Princeton Univ. Press, Princeton, 1990).]

[②]　由于爱因斯坦后来成了非常著名的科学家，许多人就不知道庞加莱的贡献了。

目前被认为是现代物理的两大理论支柱之一，另一个支柱是量子力学。

粒子的质量并非恒定

在 20 世纪初的另一个有趣的发现就是粒子的质量并非固定不变的，它的质量会随着运动速度的变化而变更。

在经典的牛顿力学里面，一个物体的质量被认为是恒定不变的。第一个认真地建议质量不是常数的人是洛伦兹。19 世纪末，洛伦兹建立了一套以太理论来解释迈克耳逊 – 莫雷实验的结果。洛伦兹应用了这套理论来计算电子在运动速度改变的时候其质量的变化。洛伦兹发现质量会随着运动的速度而增加，

$$m = \gamma m_0 \qquad\qquad (5.1)$$

其中：m 是运动中的电子质量，m_0 是电子的静止质量，$\gamma = 1/\sqrt{1 - {}^2/c^2}$ 是"洛伦兹因子"（v 是电子的速度，c 是光速）。

20 世纪初，人们已经能够建立一些简单的加速器，可以为一些带电的粒子加速。1902 年，德国物理学家考夫曼（Walter Kaufmann）利用这种加速器测量了电子在不同的速度时的质量。他的结果与洛伦兹的预测非常接近。

爱因斯坦在他的 1905 年论文里也提出了一个物体的质量会随速度而改变。他的计算结果与洛伦兹给出的有点差异。（不过有一点很奇怪的是，后来许多介绍狭义相对论的书都说爱因斯坦的计算与洛伦兹是一样的。读者如果要搞清楚这个问题，建议去

看爱因斯坦原来的出版论文，或者一些可靠的英文翻译本。例如美国 Dover 出版社出版的 *The Principle of Relativity*，1952 。）

在考夫曼的实验以后，另外几个实验小组更精确地重复了他的实验，包括宝齐莱（Alfred Bucherer）在 1908 年的实验和诺伊曼（Günther Neumann）在 1914 年的实验。他们的结果基本上都符合洛伦兹的计算结果。

在今天的粒子物理学实验里，粒子可以加速到非常接近光速。它的运动质量也远比粒子的静止质量高。现在人们已经清楚地观察到，粒子的质量变化与公式（5.1）给出的完全一样。

因此，不但光子的运动不符合经典力学的规则，电子的运动定律也并不符合牛顿力学的描述。

神奇的电子：波粒二象性及其实验证据

德布罗意的假说

我们在上面已经提过，在量子物理里面最神奇的一个现象就是波粒二象性。这个波粒二象性的概念是怎么样发展出来的呢？它既有理论上的预言，也有实验上的验证。

在 19 世纪，人们已经十分清楚光是一种电磁波。可是到了 20 世纪初，人们又发现光具有粒子的性质。这种新的认识主要是基于我们上面提到的三位科学家的工作，就是普朗克的黑体辐射研究，爱因斯坦的光电效应理论，以及康普顿的 X 光散射实验。1924 年，法国有一位物理学博士生，叫德布罗意，提出了一个有趣的想法。他认为，既然光波有粒子的性质，粒子会不会也有波的性质呢？当时人们已经知道光子具有一个动量，就是：

$$p = \hbar k \tag{5.2}$$

其中：p 是动量，k 是波数，$k = 2\pi/\lambda$。式子的左边描述了一种粒子的物理性质（动量），式子的右边描述了一种波的物理性质（波数）。德布罗意在他的博士论文里提出了一个大胆的假设：他认为不但光子符合 $p = \hbar k$ 的关系，其他带有质量的粒子（如电子）也符合这个关系。

这个假设有什么根据呢？这是基于德布罗意一种大胆的猜想。他主要是受到爱因斯坦关于光电效应工作的启发。他当时的说法是："经过长时间的孤独和冥想反思，我在 1923 年突然有了以下的想法：爱因斯坦在 1905 年对光子的发现应该被推广到所有物质粒子，特别是电子。"可以说，在德布罗意的下意识里，辐射波与物质波（matter waves）可能有着相似的物理性质。

德布罗意的这个假说在当时实在是太有创意了。那时候负责审核他博士论文的一位教授，郎之万（Paul Langevin）也不能确定那是否是合理的。

他在看过德布罗意的博士论文以后，十分犹豫要不要让德布罗意通过。于是他写了一封信给爱因斯坦，并附上了德布罗意的论文，征求他的意见。爱因斯坦在看过论文之后，给郎之万写了一封短信，对论文给以正面的评价。德布罗意因此才得以顺利地拿到了博士学位。

德布罗意的大胆假说引起了爱因斯坦的注意。后来在爱因斯

图 5.6　德布罗意兄弟

左图是路易·德布罗意（Louis de Broglie，1892—1987），是法国理论物理学家。他在 1924 年提出了一个大胆的假设，就是电子和光一样具有波的性质。他这个假设后来得到实验的证实，因而获得了 1929 年的诺贝尔物理学奖。右图是他的哥哥摩里斯·德布罗意（Maurice de Broglie），是法国的一位实验物理学家。在 X 射线衍射和无线电通信的工作上都做出过出色的贡献。德布罗意是法国的一个贵族家庭。摩里斯曾是一位公爵，去世后，他的爵位由路易·德布罗意继承。

坦写给洛伦兹的信里，他曾这样提道："我们认识的那位德布罗意的弟弟，最近进行了一次非常有趣的尝试来解释玻尔－索末菲的量子规则。我认为这是解决我们目前面对的物理困境的一线曙光。我也有一些想法可以支持他的观点。"[1]

电子的衍射实验

当德布罗意在 1924 年提出他的假说后，在欧洲物理学界引起

---

[1]　爱因斯坦信里面所指的德布罗意是物理学家路易·德布罗意的哥哥。他的名字叫作摩里斯·德布罗意，他是一位法国贵族（公爵），同时也是一位在欧洲很有地位的实验物理学家。

了一些人的关注。一年以后，在德国哥廷根大学的一个研究生埃尔绍泽（Walter Elsasser）建议用实验来检验德布罗意的假说。如果这个假说是对的，电子真的具有波的性质，那么它就会表现出像光一样的衍射现象。20 世纪初是一个物理新发现的黄金时代。在德布罗意提出他的假说的几年之前，有些实验物理学家已经开始用电子来做衍射实验。

1921 年，美国贝尔实验室的一位物理学家戴维森已经用电子冲击不同的金属表面来进行衍射实验，这个实验原来的目的是希望能更好地了解原子的结构。受到 1911 年时卢瑟福用 α 粒子打击金箔实验的启发，戴维森认为使用比 α 粒子更小的电子来进行轰击会能得到更多的信息。他把一块金属放在真空管里，用电子束进行射击，然后利用一个可移动的电子探测器来记录被反射后的电子的散布情况。然而，3 年过去了，他得到的结果也只是支持了卢瑟福和玻尔的原子模型而已，并没有任何新的发现，有点灰心的戴维森只好暂停了他的实验。

1924 年年底，革末（Germer）加入了戴维森的团队并重新开始了衍射实验。虽然实验的进度还是很慢，但是一次意外却给了他们意想不到的帮助。有一天，他们使用的真空管出现了一个裂口，他们的镍金属样本因而受到严重的氧化。他们在修复设备后，就用高温烧掉镍样本被氧化的部分。这个看似倒霉的事情却成为实验成功的第一个转折点。

在他们重新开始实验时，发现出现了新的衍射结果。由于高温燃烧的作用，镍金属样本原来的多晶体结构被部分改变了，在表面形成了几个新的晶体层。这给戴维森和革末一个极大的启发，他们于是改用单晶体的镍来进行实验，从而获得了比以前清楚得多的衍射实验结果。

1926 年夏天，戴维森和太太决定去英国度个假，放松一下。度假期间，戴维森顺便去参加了一个英国的学术会议。这个会议成为戴维森实验成功的第二个转折点。当时的欧洲是物理学的中心。1924 年德布罗意提出了物质波的假说后，1926 年薛定谔又刚刚发表了电子的波方程（薛定谔方程）。由于当时没有互联网，远在大洋彼岸的戴维森对这些发展并不太清楚。戴维森在会议上听到了波恩（Max Born）的一次讲演，其中提到德布罗意的物质波的理论可以用实验来验证。而他引用的实验正是戴维森在 1923 年做的衍射实验。这让戴维森非常惊讶。在这次会议以后，戴维森回到实验室，决心把实验的目的改为验证电子的波动理论。通过严谨而细致的工作，他们终于找到了清楚的电子衍射结果。它的表征与使用 X 光来进行衍射的结果相似，完全符合德布罗意的关系式。戴维森和革末于 1927 年在《自然》杂志上发表了该实验结果，清楚地展示了电子的衍射性质并支持了物质波的理论。

就在戴维森和革末的文章发表一个月以后，英国物理学家汤姆逊也在《自然》杂志发表了他们的验证电子波的性质的实验结果。他们用电子射击金属薄片，在金属薄片后有一个探测板，他们发现探测板上显示出了一圈一圈的衍射的图像，这个图像与使用 X 射线来照射金属薄片非常相似。

戴维森和汤姆逊两人由于发现电子衍射现象，共同获得了 1937 年的诺贝尔物理学奖。

图 5.7　戴维森（左）与汤姆逊（右）

Clinton Davisson，（1881—1958），美国物理学家，曾在贝尔实验室长期工作。他与雷斯特·革末，共同合作发现电子衍射现象。George Thomson，（1892—1975），英国物理学家。因电子衍射实验，1937 年汤姆逊和戴维森共同获得诺贝尔物理学奖。乔治·汤姆逊的父亲就是以前发现电子的约瑟夫·汤姆逊，他是 1906 年诺贝尔物理学奖获得者。

后来，更多的衍射实验显示不但电子有波的性质，别的粒子，包括中子、氦原子，甚至碳分子也都显示出波的性质。

电子的双缝干涉实验

电子的衍射实验虽然证实了电子的波动性质，但要让人们清楚地认识到电子并非像一颗小弹珠一样的粒子，需要有一个更直观的实验来展示。因此，费曼在他的《物理学讲义》里提出了一个简单的假想实验（thought experiment），那就是电子的双缝干涉实验。

费曼的电子双缝干涉实验，其灵感来自光的双缝实验。物理学家最早证明光的波性主要就是通过光的双缝干涉实验来达成的，这个实验最初由托马斯·杨（Thomas Young）在1801年提出。这个实验的设计很简单：让一束光通过一个有两个小缝的隔板，然后投射到隔板后面的屏幕上。通过观察屏幕上的结果就可以判断出光是粒子还是波。

这个双缝干涉实验的实验原理是怎样的呢？如果光是一颗一颗单独的粒子（像一颗钢珠一样），当一束光子在通过一条缝时，它只会在屏幕上出现一条明亮的线。如果另外一束光子通过另外一条缝，它也会在缝的后面的位置出现一条亮线。因此，当这种光子通过双缝时，它只能在双缝后面的屏幕留下两条亮线〔见图5.7（a）〕。

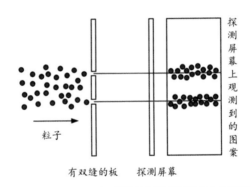

图 5.7（a） 用像一颗颗钢珠一样的粒子进行双缝实验会得到两条亮线

根据托马斯·杨设计的双缝干涉实验，如果光是像一颗颗钢珠那样的粒子，它们不会发生干涉，因此在探测屏幕上只会有两条亮线。

但如果光是一种波的话，它就会出现一种干涉现象〔见图5.7（b）〕，屏幕上会出现一系列亮和暗交替的带状图案，这就是所谓"干涉条纹"（光的干涉原理请看下文附录）。当托马斯·杨

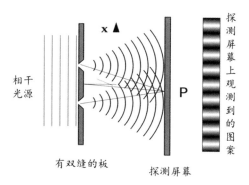

图 5.7（b）　用光波进行双缝实验会得到干涉条纹

在进行这个光的双缝实验时，他观察到了光通过双缝后的确会产生干涉条纹，因此认为光是一种波。

附录：光的双缝干涉实验的原理

在这个光的双缝干涉实验中，光可以通过两个不同的窄缝投射到探测屏幕上。这两束光途经的距离不一样。因而当它们到达探测屏幕时的相位也不一样。不同的相位差就会产生不同的干涉表现。

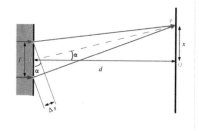

如上图所示，红色线代表射入的光，设双缝之间的距离为 l，两条入射光线之间的长度差为 Δs。从上图可以看出，

$$\Delta s = l\sin\alpha \qquad （A5.1）$$

这个角度 α 可以由下式得出，

$$\tan\alpha = \frac{x}{d} \qquad （A5.2）$$

由于 $d \gg s$，α 的角度很小，所以，

$$\sin\alpha \approx \tan\alpha = \frac{x}{d} \qquad (A5.3)$$

因此，把式（A5.3）代入式（A5.1）中，就可以得到：

$$\Delta s = \frac{lx}{d} \qquad (A5.4)$$

如果 Δs 是光的波长的整数倍（$\Delta s = n\lambda$），两束光的相位是相同的。它们的向量和是两个波的叠加，因此会给出一个亮点。如果 Δs 是光的波长的 $n+1/2$ 倍，两束光的相位相反，会互相抵消。因此，两束光的交会点就会变得很暗。所以当 x 有不同的值的时候，探测屏幕上的信号有时候会变得明亮，有时候会变得暗淡，从而出现了干涉的条纹。

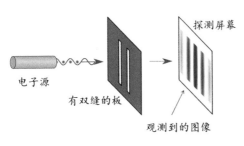

图5.8 用电子进行双缝实验也会得到干涉条纹

从已知的电子的波粒二象性，费曼提出如果用电子做双缝实验，也会得到干涉条纹。

基于托马斯·杨提出的设计，费曼认为，由于我们已经通过大量实验了解到电子具有波的性质，如果我们用电子来进行双缝干涉实验，那么它的表现也应该会和光一样。因此，这个电子的双缝干涉实验也应该产生干涉条纹（见图5.8）。

费曼提出的这个实验吸引了一些科学家的兴趣。1978年，意大利一个小组用电子显微镜来进行单个电子的干涉实验。其结果

显示了干涉图像，符合费曼对于电子干涉实验结果的预测。不过，这个实验使用的是双棱镜来模拟双缝干涉的效果，并不完全符合费曼的双缝干涉实验的设计。

费曼提出的电子双缝干涉实验在道理上虽然非常简单，但是对于当时人们所掌握的技术来说，还是难以实现的。由于电子的德布罗意波长远比一般可见光的光子要短，所以如果要想要用真正的双缝实验来观察干涉现象，就必须把小缝缩小到很窄才行。近年，随着晶片技术的发展，半导体的加工越来越精密，科学家可以利用微刻技术（micro-fabrication）在半导体材料上进行纳米级的刻制工作。

现在这个双缝干涉实验已经可以在美国大学中作为一项本科生研究课题进行演示。例如在 2013 年，美国内布拉斯加大学就详细地报告了他们完成了费曼在他的《物理学讲义》里所提出的电子双缝干涉实验。[①] 研究者用离子束在镀金的硅膜上刻出 62 纳米宽、4 微米高的两条缝隙，两条缝隙之间距离为 272 纳米。实验者把电子加速到约 600 eV，向双缝射击。双缝后面有一个探测板来记录电子的落点。他们观察到很清楚的干涉图像。另外，假如他们遮住其中一条缝隙，干涉图像就消失了。这与费曼当年猜想的结果完全吻合。

这个实验最为神奇的地方，就是这种干涉条纹的产生并非来自不同电子之间的互相干涉，而是一个电子本身就可以自己和自

---

① R. Bach et. al. Controlled double-slit electron diffraction. New Journal of Physics, Vol. 15. (2013).

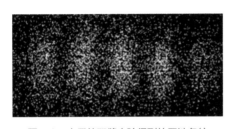

图 5.9 电子的双缝实验得到的干涉条纹

每一个亮点代表一个电子打在探测屏幕上。上图是 6235 个电子的累积图像。

己发生干涉。人们怎么知道呢？在做双缝干涉实验的时候，实验者可以把投射到双缝的电子密度不断减弱，一直到每秒钟少于一个电子被射出。在这个时候，实验者还是可以观测得到双缝后面的屏幕产生干涉条纹（见图 5.9）。

如果我们把电子当作一颗粒子（就像一颗弹珠）的话，一个电子只能从两个缝隙中的一个中穿过。不过如此一来，这个电子就不可能同时通过另外一个缝隙，因此也就无法在双缝之间产生干涉现象。这种干涉现象的出现，意味着一个单独的电子必须同时通过两个缝隙。它是怎样办到的呢？这让科学家疑惑不已。

如果说电子不像一个粒子，那又很难解释当实验者在双缝后面用探测器来侦测电子时，电子是一个一个地被探测到的。每一个电子都有一个固定的质量和电荷，它不是分散的。因此从探测器的观点来说，电子是像一颗粒子一样单独地存在着的。

因此这个双缝实验显示了一种很奇怪的现象：在有些情况下，电子似乎表现得很像一颗粒子；但在另外一些情况下，它又不可能是一个单独的粒子。这使科学家伤透了脑筋。

因此，费曼在他的《物理学讲义》里就给了以下的结论[1]：

---

[1] 《费曼物理学讲义》第一卷，37—11 页。

"没有人能想出办法来解决这个难题。因此，目前我们只能将自己局限于计算概率。虽然这里说的是"目前"，但我非常强烈地怀疑它将是"永远"与我们同在。这个难题是无法解决的，自然就是这个样子。"

量子理论面对的挑战

从粒子的观点看世界

科学家在量子世界里面遇到的困惑，主要在于他们不能把直观世界里面的经验直接应用到微观世界里。在直观世界里，所有运动都可以用经典物理学来解释。而且，毫无疑问的是，每一个物体都是由一些具体的物质构成。这些物质最小的单位当然是原子。而这些原子，又由比原子更小的亚原子粒子构成。根据经典物理学的概念，这些亚原子粒子自然就被认为是更小的物质单位；可以看作一个个"质点"，有如一颗一颗的微型弹珠。事实上，不但原子里一些较重的粒子（质子和中子）被想象为像个极小的弹珠一样，电子也被认为像是一颗微型弹珠一样的粒子。

因此，以粒子的眼光看待物理世界是一件很自然的事。我们在前面已经提到，在最初的量子力学理论里，原子就像是一个微型的行星系统。它的太阳就是原子核，电子就像是行星。在行星系里，恒星与行星之间的吸引力是万有引力；在原子里，原子核和电子之间的吸引力是正电与负电的库仑力。但其基本图像都是一样，就是一些较轻的质点绕着一个较重的质点运动。

所以，把组成物质的粒子视为一颗微型弹珠一样的粒子是非常自然的。那么，物理学家对于光子又如何看待？虽然在经典物理学里，光是以波的形式传播。可是到了 20 世纪初，科学家发现辐射能量是由光子的形式来携带的。这种认识主要是来自普朗克的黑体辐射实验、爱因斯坦的光电效应以及后来的康普顿散射实验。人们认为一束光其实就是很多不同能量的光子组成的，只需把光子看作弹珠一样的粒子就可以使用经典力学的办法来计算其运动，其得到的结果似乎非常符合实验的结果。

这样一来，物理学家就可以把宇宙所有的组成部分，不论是组成物质的最小单位，还是组成辐射能量的最小单位，都视为质点一样的粒子。从 20 世纪二三十年代开始，物理学家就完全偏向于使用粒子的观点来看待物理世界和解释自然的物理现象。

粒子观点面对的挑战

不过，近代物理学这种使用粒子的观点来解释自然的方法显然是遇到一些麻烦的。我们在之前已经提到，所有的粒子（不论是电子还是光子）都同时显示有波的性质，这种传统的粒子观点是无法解释在微观世界里面的波粒二象性的。除此以外，目前的量子理论面对着其他难题。例如，它不能解释"物质波"的物理意义是什么。量子力学主要是通过建立一些波动方程把电子的运动作为一种波来进行计算，这种波称为"物质波"。那么，这种物质波到底是一种通过某种介质传递的实质的波（如水波或者声波），还是只是数学公式里的一个参数？还有，我们在第三章里提到，目前量子力学应用的方程式，不论是薛定谔方程，还是狄拉克方程，它们基本上都是人为的猜想，而不是基于实验的结论。那么这些物质波的方程究竟是否具备充分的物理基础呢？我们在前面还提到过，在微观世界里，一个粒子必须符合海森堡的测不准原理，这个测不准原理的物理基础又是什么呢？所以在量子理论的早期发展阶段，科学家们就要想办法面对以下挑战：

（1）如何解释波粒二象性？

（2）物质波是什么？

（3）物质波方程的物理基础是什么？

（4）为何有测不准原理？

哥本哈根学派对于量子理论的解释：一个概率的世界

哥本哈根诠释

1924 年德布罗意刚刚提出电子的波粒二象性时，大家还将信将疑。但是有了戴维森和汤姆逊的电子衍射实验的结果，人们只能接受电子具备波的性质这一事实。而且，自从 1926 年薛定谔发表了电子的波动方程以后，物理学家发现这个方程非常有用，可以成功地解释原子结构和其他许多物理系统的微观性质。这时候，对于物理学家最大的挑战就是如何解释薛定谔方程里的波函数（ψ）的物理意义，怎么样把"物质波"这个概念和电子的存在联系在一起呢？

1927 年，丹麦物理学家玻尔和德国物理学家海森堡等科学家对物质波的物理意义提出了一个解释。他们认为，电子本身是像一颗微型弹珠一样的"粒子"，可是它的分布可能是以一种波的形式出现的。因此所谓"物质波"并不是真正的波，而是一种"概率的波"，主要反映这颗粒子出现在某个时间和位置的概率的大小。

根据这种统计学的观点，薛定谔方程里的波函数（ψ）与电子出现的概率直接相关。更具体地说，他们认为波函数的绝对值的平方代表着一个特定电子出现在某个时空的概率：

$$Probability = |\psi(x, t)|^2$$

其中：x 是位置，t 是时间。这个理论的领军人物是玻尔。1918 年，玻尔在哥本哈根大学创立了一所理论物理研究所（这个研究所后来叫作"尼尔斯·玻尔研究所"）。这个研究所在 1921 年开始运作，而玻尔在 1922 年获得了诺贝尔物理学奖。他的研究所吸引了一大批对量子物理学有兴趣的物理学家到那里访问和工作。例如，玻尔曾经先后邀请了海森堡、狄拉克、泡利等年轻科学家到哥本哈根来一起做研究，这些科学家后来对量子力学的发展都有过非常重要的贡献。因此，这些曾经与玻尔合作的物理学家就被称为"哥本哈根学派"。这些科学家后来主导了量子力学发展的主流。他们对于物质波的解释也就被称为"哥本哈根诠释"（Copenhagen Interpretation）。

提出"哥本哈根诠释"可以说是量子物理发展史上一个重要的里程碑，它似乎解决了当时物理学家的几项困惑。首先，把物质波解释为概率波就赋予了量子方程里面的波函数一个物理意义。其次，把物质波理解为概率波就可以局部地解释电子既像粒子又像波的现象。最后，既然量子力学的方程只能预测粒子在某个时空出现的概率，而不是它准确的位置或速度，那么这也可以间接地解释为什么在量子世界里会有测不准原理的出现。因此，"哥本哈根诠释"后来就成为量子力学里面的主流理论。

对于这个哥本哈根学派的诠释，有些学者把它做了一些哲学上的引申。他们认为这表示着在微观世界里，一切都是并非确定的，微观世界可以说是一个概率的世界。在理论上，一个微观系统可以有几个稳定的状态，量子计算给出的结果只是对这几个不同状态的概率的叠加。只有当人们进行了实验来测量系统里的某种物理性质时，该系统的物理状态才能被确定下来。

对于概率解释的争议：薛定谔的猫

哥本哈根学派基本上是用粒子的观点来看待电子的。他们对量子波函数的诠释虽然成功地为物质波给出了一个看来合理的解释，但是并不是所有的科学家都接受这种解释。一些科学家就对这个"哥本哈根诠释"所暗示的概率世界表示怀疑，认为物质波应该是一种具有物理性质的、真实存在的波，而不仅仅是一个不可捉摸的概率而已。

爱因斯坦一直对概率波这个概念表示怀疑。他曾经讲过一句很有名的话"上帝不扔骰子"，就是用来批评哥本哈根诠释的。在两次著名的索尔维会议（Solvay conference）上，他曾与玻尔等人激烈地争论过这个问题。1927 年的索尔维会议就像是武侠小说里的华山论剑一样，一群顶尖的高手互相过招，与会的 29 位科学家超过半数都最终成为诺贝尔奖得主。其中有德高望重的洛伦兹、普朗克；有中年的爱因斯坦、薛定谔和玻尔；有年轻一辈的海森堡、狄拉克、泡利、德布罗意和康普顿（见图5.10）。那次会议上，每到早饭、晚饭时间，爱因斯坦就会和玻尔等人开始辩论。根据泡利的回忆，爱因斯坦曾说："人们不能把理论建立在很多的'可能'上面。即使这个理论在经验和逻辑上看来是对的，但它其实是错误的。"海森堡回忆到，那时每天早饭的时候，爱因斯坦就会想出一个假想实验来挑战玻尔的量子理论。到晚饭时，玻尔和他的合作者们就会提出反驳的论点，并能让爱因斯坦投子认输。到了第二天，爱因斯坦又能想出新的假想实验来继续挑战。如此一再循环，双方唇枪舌剑，你来我往好几天。但爱因斯坦最终并没有能说服玻尔。

图5.10　1927年的索尔维会议

索尔维会议是一位名叫索尔维的比利时商人出资举办的，第一次会议于1911年在布鲁塞尔召开。在当时，索尔维会议集合了欧洲最重要的物理学家。1927年的索尔维会议是非常出名的一次。这不仅是因为爱因斯坦与玻尔在会上针对量子力学的激烈辩论，更因此次与会者很多是奠定了近代物理学基础的大师，可谓是众星云集。

会上，爱因斯坦还鼓励德布罗意继续进行为电子的波动性质寻找物理解释的工作。德布罗意以后也一直在找寻与哥本哈根学派不同的对物质波的解释。不过他没有能在这方面取得更多的进展。

尽管爱因斯坦没能赢得和玻尔的辩论，但他始终相信量子波函数的统计解释是经不起时间的考验的。后来在 1930 年的索尔维会议上，爱因斯坦更公开地与玻尔进行了新一轮的辩论。虽然爱因斯坦再次失败，但爱因斯坦依然没有被说服。

另一位知名物理学家薛定谔，也一直无法接受哥本哈根学派主张的统计概率解释。他作为电子的量子波动方程的作者，对物质波的物理本质是什么一直很感兴趣。20 世纪 30 年代，他曾与爱因斯坦对这个话题进行过多次交流。1935 年，爱因斯坦在给薛定谔的信中提出了一个以"火药"作为例子的假想实验。设想有一堆火药，其中一些成分是不稳定的，可能会造成一个爆炸。如果我们用一个量子力学的方程来表示这个状态，按照哥本哈根诠释，波函数所表示的状态只是几种概率的叠加。那么，对于这堆火药来说，它的波函数是否既包括部分还没有爆炸的火药，也包括部分已经爆炸的火药？这在现实中是不可能的。"因为在现实中火药不能存在于已爆炸与未爆炸之间的中间状态。"

受到爱因斯坦的启发，薛定谔提出了一个类似的"假想实验"来说明"哥本哈根诠释"的微观世界情形会与宏观世界的观察发生矛盾。他假设有一只猫被关在一个装有剧毒气体的盒子里，盒子里有一个控制系统决定是否要让这些剧毒气体释放出来，这个控制系统的开关取决于一个量子现象（盒子内一个同位素样本是否发生衰变）

图 5.11　薛定谔的猫

假设有一只猫被关在一个装有剧毒气体的盒子里，剧毒气体被封在一个玻璃瓶里，盒子里有一个控制系统决定是否要打破这个玻璃瓶，这个控制系统的开关取决于盒子内一个同位素样本是否发生衰变。只要盒子没有打开，人们就不可能知道毒气是否被释放出来，当然也不知道这只猫是活着还是被毒气杀死了。

（见图 5.11）。在这个实验过程中，只要观测者没有把盒子打开，他就不可能知道毒气是否被释放出来，当然也不知道这只猫是活着还是被毒气杀死了。如果按照"哥本哈根诠释"的概率理论，这只猫在实验过程中的状态是两种状态的概率的叠加。就好像这猫同时死了，也同时还活着。这样与事实不符。当薛定谔把这个想法告知爱因斯坦时，爱因斯坦非常赞赏。爱因斯坦称这个问题为"薛定谔的猫"，并认为这个例子指出了用"哥本哈根诠释"来解释量子力学有自相矛盾之处。

当然，一些支持"哥本哈根诠释"的主流物理学家也提出了反驳的意见。他们认为事情的结果只有在最后进行测量的时候才能知道。只有在这时，波函数才会塌缩成为几种可能状态中的一种。因此，在进行测量以前讨论结果是没有意义的。

在最近半个多世纪里，量子力学在不断地发展和应用，它的成功是毋庸置疑的。但关于量子波函数的解释，包括对哥本哈根学派的诠释，其争议并没有停止。这场关于"物质波是否真的是概率波？如果不是概率波，波函数是什么？"的辩论一直无法得出让所有人满意的答案。直到今天，还不时有科学家提出新的想法，尝试去解答这个问题。

物理学家对于量子理论的困惑

现在有很多科普书都说爱因斯坦后来是反对量子力学的。这其实并不完全准确。首先，爱因斯坦并没有排斥在微观世界里面的量子概念，相反，他的工作事实上对量子概念的发展提供了重要的支持。其次，爱因斯坦也没有反对目前使用的量子方程。事实上他是很赞赏薛定谔建立的量子方程式。而且，他对薛定谔的这项工作也曾经起了一些促进的作用。爱因斯坦与主流量子物理学家的分歧主要在于他不喜欢用概率来诠释物质波。因此，他始终没有接受哥本哈根学派的诠释。

事实上，目前的主流量子理论还是有很多没有解决的问题。即使人们接受了哥本哈根学派对于波函数的诠释，量子力学还有许多无法解释的地方。例如，根据"哥本哈根诠释"，物质波只是一种概率波，电子还是一颗一颗的粒子（就像一粒微型的子弹一样），那么怎样解释电子的双缝干涉实验呢？为什么一个单独的电子似乎能同时穿过两个不同的缝？另外，对于量子力学方程的物理基础，哥本哈根诠释也不能提供一些确切的解释。

在爱因斯坦与玻尔辩论以后的几十年里，许多顶尖的物理学家还是觉得微观的量子世界难以理解。他们甚至没有办法向学生解释清楚什么是量子物理。因此有些时候，他们也会不讳言地表达自己对于量子力学理论的困惑。

20 世纪最著名的物理学家是爱因斯坦，很多人认为紧随其后出名的物理学家大概就是费曼。费曼写过一套著名的物理学教材——《费曼物理学讲义》，广受学生欢迎。虽然费曼是一位天赋聪颖，而且行事高调自负的人，但他在他的物理学讲义里也坦承各种量子现象神奇无比，自己确实无法解释。他甚至说："I think I can safely say that nobody understands quantum mechanics."（我敢保证没有人真的明白量子力学。）在他的讲义里，当他要介绍波粒二象性的时候，他是这样说的：

"由于原子的运动现象和我们日常的经验非常不同，无论对于学生还是经验丰富的物理学家，量子现象对每个人来说都是十分神秘的。即使是这方面的专家也无法用他们希望的方式来解释其原理。不过，'无法解释'其实也是合理的。因为所有人类的直接经验和其直觉都只适用于大尺度上的物体。我们知道大尺度上的物体的运动规律，但微观物体不会那样运动。因此，我们必须以某种抽象或富有想象力的方式，而不是依靠我们的直接经验来了解它们。"

"在这一章里，我们会立刻面对神秘的量子现象中最奇怪的部分。这是一种绝不能以任何经典方式解释的现象，它同时也是量子力学的核心部分。实际上，它也是唯一的奥秘。我们无法解释这个奥秘，因为我们无法以通常意义上的'解释'来解释。我只会'告诉'你它是怎样的。当我'告诉'了你它是怎样的，我也就告诉了你所有量子力学里主要的奇妙之处。"[①]

---

① 《费曼物理学讲义》第一卷，37—1 页至 37—2 页。

　　当费曼在他的讲义里介绍薛定谔方程的推导时，他也指出了这个方程的物理基础仍待探索："这个方程是哪里来的呢？哪里也不是。这根本不可能从已知的任何东西里导出。它是从薛定谔的脑里蹦出来的。"

　　惠勒（John Wheeler）是美国一位举足轻重的物理学家，是费曼的博士生导师。他也曾前往哥本哈根与玻尔合作研究量子力学。因此，人们往往把惠勒当成"哥本哈根学派"的重要一员。20 世纪中期他在普林斯顿大学工作时曾与爱因斯坦有过不少互动。惠勒认为，量子力学还有太多的问题不能回答。"量子理论的本身不会使我烦恼。世界就是那样运作的。使我寝食难安的是去了解：量子理论是如何得到的？它下面的深层基础是什么？它从何而来？"（20 世纪 80 年代，本章作者与惠勒曾经有过一些交流。在我的印象中，惠勒与许多成名的科学家不太一样，思想比较开放；他对后辈一些非传统的想法也较为鼓励。）[①]

　　英国牛津大学有一位当代的著名理论物理学家罗杰·彭罗斯（Roger Penrose），他是著名物理学家斯蒂芬·霍金的合作者。他曾说："量子力学理论有两个支持它的事实，而只有一个是反对它的。首先，对它有利的是该理论与迄今为止的每一个实验结果都达成一致。其次，它是一种具有深刻的数学美的理论。不过，反对它的一件事是它完全使人想不通！"（The one thing that

---

① 详见作者的科学网博文《我的量子物理探索之路》，链接：http://blog.sciencenet.cn/blog-226454-1208105.html。

can be said against it is that it makes absolutely no sense! ） ①

一些更深层次的难题

量子力学和狭义相对论之间的矛盾

除了上述科学家所表达的对于量子物理的困惑，我们今天所了解的关于微观世界的运动规则还有一些更深层次的难题。目前，科学家应用来解释微观世界的物理理论主要是量子力学和狭义相对论（STR）。但如果我们仔细地研究这两个理论的物理基础，就会发现它们是互相矛盾的。首先，我们知道狭义相对论有两大假设，其中第一个假设就是"相对性原理"，这个假设认为每一个惯性系统都是相等的。宇宙中没有一个特殊的参考体系来让我们知道什么是一个静止的惯性系统，什么是一个以恒定速度移动的惯性系统。如果这个假设是对的，那么宇宙里的真空就必须是空无一物；否则的话，它就会有一个静止的参照系统。通过这个系统，人们就可以知道哪些惯性系统是动的、哪些惯性系统是静止的，这就违背了相对论里的"相对性原理"。

但是在量子理论里面，真空不可能是空的。粒子不可能从空无一物的真空中突然地被创造出来。这样一来，电动力学里面的所有

---

① "Gravity and State Vector Reduction", in: "Quantum Concepts in Space and Time" (1986), R. Penrose and C. J. Isham, ed.

计算，包括粒子的产生和湮灭都是没有意义的。根据狄拉克的电子理论，真空中充满着负能量的电子，这样才可以解释反粒子的出现。具有反粒子的不仅仅是电子，还有其他所有的费米子。根据狄拉克的电子理论的引申，真空中应该充满了无数的负能量的费米子。

近代，有些粒子物理学家认为粒子的产生是由虚拟粒子变成实体粒子的过程。不过即使在这样的理论里，人们还得解释，真空中何以能充满了各色各样的虚拟粒子呢？

事实上，量子电动力学已经清楚地表明，真空中每一种的震荡波都有一种零点能量 (zero point energy)，这个能量被认为是真空物理性质的一部分。如果真空只是一个空虚的空间，那是无法解释这种零点能量的存在的。

因此，在目前解释微观世界的两大支柱理论之间，存在着一个极大的矛盾。截至目前，这个矛盾仍没有得到解决。

真空是什么？

要解决上述矛盾，人们就必须知道真空的物理性质是什么。可是在今天的物理研究里面，大部分人都回避这个问题。可能是因为它太复杂了，太难解决了。而且由于它是一个老题目，很难用它来申请研究经费。所以，很多理论物理学家就拿真空当成一块华丽的地毯，把他们理论里面所有不知道的东西都扫到这个地毯的下面藏起来。

今天，人们普遍认为粒子就是真空的一种激发态。然而，我们对于真空的物理性质并不十分了解，目前掌握的主要是一些计算模式。此外，当人们提到"真空"时，它的含义往往并不清楚。"真空"一词在不同的语境下可能意味着不同的东西。例如，在人们谈到一个机械系统时，"真空"通常代表着物质之间的"空无一物的空间"。然而，在量子力学中，"真空"并非空无一物，它代表着量子系统的基态，可以通过激发该基态从而产生粒子。一些宇宙学理论中，"真空"被认为是具有高度复杂性质的预先存在的实体，其中的空间和时间可能都没有明确的定义。从这种预先存在的真空的局部波动中甚至可以产生多个宇宙。因此，物理学中至少有三种不同的"真空"概念，即机械真空、量子真空和宇宙真空。

今天的量子物理理论已经非常成熟。不过，对于量子真空的物理性质却一直没有明确的解释。事实上，不少著名的科学家对真空曾有过许多不同的看法。例如，在 19 世纪，许多科学家认为真空充满着一种叫作以太的介质，但这个以太假说后来因为没有受到实验的支持而被放弃了。

至于爱因斯坦，虽然他对真空是很有兴趣的，但没有成功建立起一个清楚的概念。事实上，他对真空的看法前后很不一致。例如，当他在 1905 年写狭义相对论论文的时候，他认为以太是不存在的。可是，1920 年，当他在莱顿大学发表"以太和相对论"演讲的时候，却说："否认以太最终会令人认为空间没有任何物质。这种观点并不符合力学的基本事实……重述一下，我们可以说，根据广义相对论，空间被赋予了物质特征；因此，在这个意义上，存在一个以太。根据广义相对论，没有以太的空间是不可想象的；因为在这样的空间里，不仅没有光的传播，而且也不存在空间和时间的标准。"

目前，我们对于真空的具体物理性质的认识仍然很浅。但无论是今天的主流宇宙学理论还是量子场理论，真空都不是空的。事实上，有一些著名的实验已经清楚地显示出真空具有特殊的物理性质。这些实验包括：真空极化效应（effects of vacuum polarization）、兰姆位移（Lamb shift）和卡西米尔效应（Casimir effect）。这些实验显示真空的可极化，真空对于原子内的电子运动的影响，以及真空能量的可量度性。所以，已经有不少可靠的实验证据，显示"真空"并非一个空无一物的空间。

那么，如果真空并非空无一物，宇宙里是否应该会有一个静止的参照系统呢？

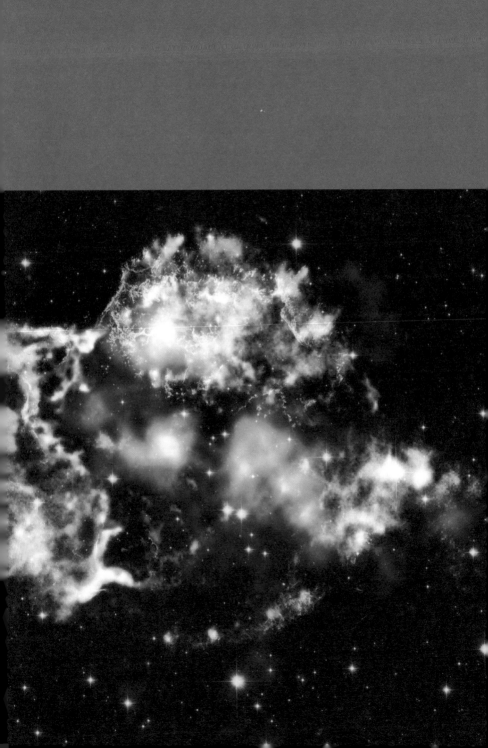

第六章

如何解释物质的量子性质？
从物质波的观点看自然世界

张东才

本章探讨如何尝试突破在量子理论里的传统思维。最新的研究显示，如果把粒子视为真空的激发波，那么量子世界里面一些神奇的地方就可以得到合理的解释。

两种观点看自然世界

从上一章的介绍，我们可以知道人们目前对于量子世界的物理基础还有很多不明白的地方。如何理解物质的量子性质以及波粒二象性，这是一项重大的挑战。截至目前，这些问题还在困扰着许多资深的科学家。科学是要不断发展的。我们这些后来者，有没有新的思路去超越上一辈科学家的理论局限？这可能需要我们去进行一些大胆的探索。本章就是介绍最近在这方面的一些重要的进展。

本章作者认为：目前对于量子理论的困惑可能是因为过去的物理学家主要采用"粒子"的观点来看世界。如果我们用"波"的观点来看世界的话，很多困惑也许就可以解释了。事实上，"物质"是一种复杂的东西，它能以不同的姿态出现在我们面前（见图 6.1）。在宏观世界里，我们所见到的物质是以一个个具体的"粒子"的状态出现的。这种想法与牛顿的经典力学的观点一致。一个粒子就像是一个小钢球一样。在计算时，它可以被当作是一个"质点"（point mass）。但是，在微观世界或者量子世界里，

物质的最小单位则表现得更像是一个"波包"（wave packet），
而不是一个小钢球一样的粒子。正如我们在第三章里提到的，电
子在原子里的运动规律可以用波动方程来表示，这正是因为电子
的性质就像一个波包。

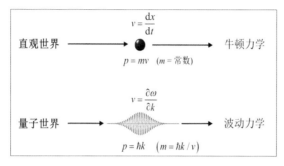

图 6.1　两种观点来看粒子

　　在直观世界中，粒子被视为一个质点。但在量子世界中，粒子更像一个
波包。由于粒子的速度和质量基于不同的物理概念来定义，因此在直观世界
和量子世界里的粒子会有不同的表现。（其中：v 是粒子速度，p 是动量，m
是质量，ω 是波的频率，k 是波数。）

　　也就是说，对于组成我们的物质世界的基本单元来说，我们
既可以把它们当作一颗颗"粒子"，也可以把它们当作一个个"波
包"。在传统的量子物理学里，人们往往只强调物质的粒子性，而
没有充分照顾到物质的波动性。如我们在上一章所介绍的，现在的
主流量子物理学家主要采取了哥本哈根学派的诠释。他们把电子视
为一个带电的质点，而它的波动性质只表现在概率分布上。这样的
想法，是不能够破解"波粒二象性"实验结果所带来的谜团的。

我们在本章会介绍怎么样采用一种新的观点来解释量子物理现象。与哥本哈根学派的取态不同，这种新的探索主要继承了薛定谔和德布罗意对于物质波的看法，就是把物质波当成一种具有粒子性质的真实的波。那么，这种真实物质波的假说是否也能同时描述粒子出现的概率，使得计算的结果也可以符合哥本哈根学派的预期？一些新近的研究表明，这个要求是可以满足的。而且，一旦采用了这个新的物质波的观点，把粒子当成一个量子化的波包，就可以解开许多目前量子力学面对的困惑。

粒子从何而来？

目前，量子理论尚待解决的主要问题，包括：

（1）如何解释波粒二象性？

（2）物质波是什么？

（3）物质波方程的物理基础为何？

除此以外，还有一个更大的挑战就是去解释：粒子从何而来？

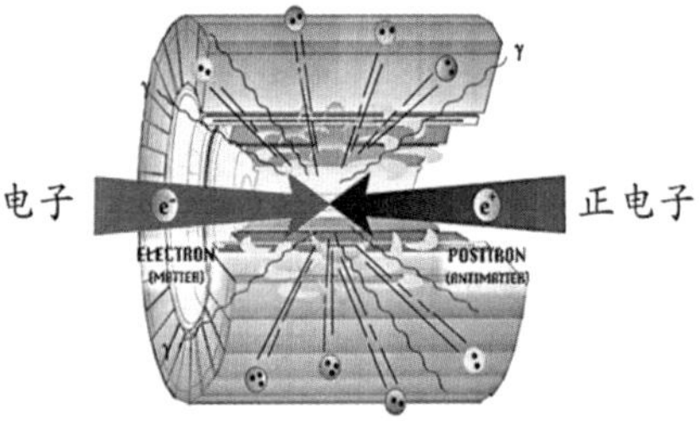

图6.2　对撞机实验的示意图

科学家利用加速器先把一个电子和一个正电子加速到很高的速度，再让它们相互碰撞。最后使用探测器来探测并分析其碰撞后所产生的物质。

在近代物理学里，许多亚原子粒子的发现最初是通过对各种辐射的研究。后来，许多新的粒子的发现则主要依靠对撞机的实验。简单来说，科学家利用加速器先把两个粒子加速到很高的速度，再让它们相互碰撞。最后使用探测器来检测其碰撞后所产生的物质，并分析其物理性质，例如它的自旋、电荷与质量等（见图 6.2）。

　　这种对撞机的实验的构想原理非常简单。我们可以用一个宏观世界里的比喻来说明（见图 6.3）。

　　假如一个外星人第一次来到地球，他看到地面上有很多汽车，但他不知道这些汽车是怎样构成的。于是他想到一个主意，就是利用他的特异功能把两台汽车加速到很高的速度，然后让它们相互碰撞。汽车在发生碰撞后，会有很多零件掉出来。外星人就把这些零件拿去进行分析，发现：这些零件

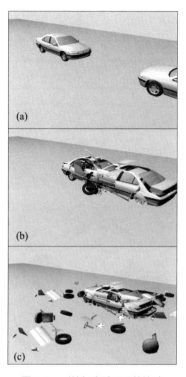

图 6.3　对撞机实验原理的比喻

　　科学家通过对撞两个高速粒子来分析这两个粒子是由什么更小的粒子组成的。其原理与通过对撞两辆小汽车来了解汽车是由什么部件构成的是一样的思路。

里面有橡胶制成的轮胎，用钢制成的螺丝钉，用玻璃制成的窗户碎片，等等。通过对这些碰撞中掉落的部件的分析，外星人就大概可以知道地球上汽车是由什么更基本的物质构成的。粒子物理

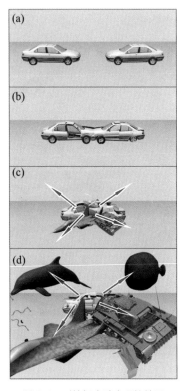

图 6.4　对撞机实验出现的结果

在粒子对撞实验中，两个粒子在碰撞以后，会产生很多质量远大于原来粒子的新粒子。这就好比把两部汽车对撞以后，出现的物体不是汽车的零件，而是海豚、坦克、战斗机等与车子完全不一样的物体；其中一些新产生的物体其质量要远大于原来的汽车。传统的粒子概念无法解释这种现象。

学家过去用粒子对撞机所做的实验，基本上也与这位外星人的想法差不多。事实上，在过去几十年，他们从粒子碰撞后的产物里也的确找到了不少有用的实验结果，让我们知道一些粒子是怎么样构成的。

不过，这种靠把一个物体撞碎来分析零件的做法，在事实上是有极限的。在许多后来做的粒子碰撞实验里，它的解释比上面所说的汽车碰撞实验更为复杂。在一个真实世界里，我们会发现一种很奇怪的现象，就是在两个粒子在碰撞以后，会产生很多静止质量远大于原来粒子的新粒子。这就好比上述的外星人把两部汽车对撞以后，他发现跑出来的物体完全不像汽车的零件，而是全新的物种，而且这些新产生的物种往往比车子还要大或重得多。例如，车子碰撞以后，出现了坦克、战斗机等（见图 6.4）。

于是这个外星人就一定要问，这些比原来的汽车重得多的新物体究竟是从哪里来的呢？

今天的粒子物理学家也正在面临着同样的问题：为什么当他们把粒子加速及碰撞以后会产生一些质量远比原来粒子大的新粒子呢？这些新的粒子从何而来？

要解答这个问题，物理学家基本可以有两个选择：（1）新的粒子事先已经存在于真空里面；（2）所有粒子都是真空的激发波，只要有足够的能量就可以激发某些波。在传统上，粒子物理学家偏向于采取第一种解释。在第三章中，我们介绍过，对于如何解释电子有反粒子的存在，人们认为这是狄拉克电子理论的预言。狄拉克推导出了著名的狄拉克方程。根据他的理论，在空间里有着无限数量的负能量电子，所有这些负能量的能级都被这些电子充满了，这个情景称为"狄拉克海洋"（Dirac sea）（见图6.5）。当有一个光子（如γ射线）打到了这个"海洋"之中，会把一个负能量的电子激发，将它变成一个正能量的电子。而在原来的负能量的能级处，留下了一个洞。

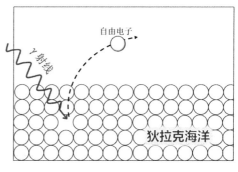

图6.5　狄拉克的海洋示意图

真空里有无穷个看不见的负能量的电子（圆圈）。当一个负能量的电子被γ射线激发，它就会变成一个正能量的自由电子，它留下的洞就会成为一个正电子。

这个洞就表现得像个带正电的电子（也就是电子的反粒子），即正电子。换句话说，正电子只是狄拉克海洋负能量电子中的一个洞。过去的粒子物理学家就凭这个理论来解释为何光子可以在真空中产生一对电子和其反粒子。

在粒子物理学的发展历史上，许多科学家都是用狄拉克理论来解释粒子的来源的。他们也一直用这个模型来教学生。不过，这个理论也有局限性。首先，它意味着真空是非常复杂的，真空里必须充满无限量的负能量电子；而且，这些无限的负能量电子是我们无法观察到的。

其次，由于我们的世界里不仅仅有电子，还有很多其他的基本粒子。如果人们要用狄拉克的负能量电子海洋理论来解释其他粒子的来源的话，那么真空就必须同时充满着无限的负能量的各种基本粒子，包括各种轻子、各种夸克等。真空就成了一个非常拥挤的地方。

在狄拉克理论的基础上，粒子物理学家后来又发展了量子场理论（quantum field theory）。这个理论为粒子在真空中的产生提供了一个新的解释，认为真空中存在无数的"虚拟粒子"。平时你见不到也摸不着这些虚拟粒子，但是当真空被激发的时候，这些虚拟粒子就会转变成实体的粒子出现在空间里。有些喜欢看哈利·波特小说或电影的朋友大概还记得，哈利·波特有一袭隐身披风。当他披着这个披风的时候，人们就看不见他；但当他摘下这件披风时，人们就可以看到他了。这些真空里的虚拟粒子，就有点像披着哈利·波特隐身披风的粒子。只有当别的粒子把这个披风刮走时，这个隐身的粒子才会被人们看到。

物质是由波构成的

上述的粒子观点可以说是传统量子物理学的主流观点。不过，如我们在上一章里面所述，粒子观点无法解开量子世界里面的一些困惑。因此，在下一个发展阶段里，人们应该尝试用另外的观点来解释量子理论。而这个观点就是把物质波当成一种真实的、具有粒子性质的激发波来看待。

我们认为，粒子其实只是真空介质的激发波。打个比方，真空就像一个池塘。当你向平静的池塘里扔一块石头，你会激起一个波浪。这个波浪实际上就是水的激发波。当你向真空里施加一点能量，就会出现一个粒子，这个粒子就是真空的激发波。

如果粒子真的只是真空介质的激发波，我们很容易理解为何能量对真空的激发能够产生新的粒子。对于波浪而言，它只是其介质的一种运动形式（见图 6.6）。如果一个粒子只是真空介质的一个激发波，它自然可以"无中生有"。

我们知道任何一种波动传播都需要介质。例如，当你和你的朋友聊天，声音（声波）通过空气传播，你才能听到朋友的声音。如果空气被抽空，你就无法听到朋友的声音了。你可能会问：如果粒子真的是就像池塘里的水波，那么这里的"水"是什么呢？什么是粒子的介质呢？我们认为这就是真空本身，也可以称之为"真空介质"。对于真空的物理性质的详细讨论，我们会在稍后进行。

对于这个把粒子视为真空介质的激发波的想法，你可能会问，这个想法有何依据？这就要回到我们在第五章里介绍的波粒二象性。对于光子而言，我们老早就知道它是一种电磁波。这是一种

图 6.6　能量以波的形式在介质中传递

　　正如波浪是水的激发波，我们相信粒子也是真空介质里的激发波。唯一的区别是，后者是一种量子化的波包，波的能量和动量都有一个最小的值。这个代表粒子的波包在产生、传递和湮灭的过程中，都必须符合一项"整或零原理"（Principle of all-or-none）。

真实的、具有粒子性质的波。在过去几个世纪对光的波动性的研究中，并不都是这样的观点，一些科学家一直认为光波是真空的激发态。通过麦克斯韦的理论，我们也的确知道光是一种电磁波，也同时是真空的激发波。而且，满足普朗克关系和德布罗意关系，

$$E = \hbar\omega \tag{6.1}$$

$$p = \hbar k \tag{6.2}$$

　　其中：ω 是光的振荡频率，$\hbar$ 是普朗克常数除以 2π，p 是动量，k 是波数。我们知道光同时具有粒子性质和波动性质，而且这两种性质是互相对应的。根据德布罗意的理论，许多具有静止质量的粒子（包括电子等）也具有波粒二象性，与光子相似。因此，我们把粒子当作真空介质的激发波只是根据德布罗意理论的进一步的推广。

　　我们一旦把粒子作为一种激发波，不但可以很轻易地解释为何在对撞实验里会出现的新的粒子，还可以很容易地解释衍射实验以

及双缝干涉实验里观察到的波粒二象性。下面是较为详细的解释。

从波的观点看波粒二象性：整或零原理

为了简化我们的讨论，我们在下面会把这种"把粒子当作真空介质的激发波"的观点简称为"物质波的观点"。与哥本哈根学派的诠释不同，我们认为物质波是一种真实的震荡波，而不是一种概率波。这种物质波的观点有何根据？我们要指出两点：（1）量子世界里的所谓"粒子"，并不等于一个像小钢珠一样的"质点"，它更像一个波包。（2）所谓"量子现象"，只表示物体在参与某种物理作用时，其能量分布是不连续的。在微观世界里，当一个物质波在产生或湮灭的过程里，它会服从一种"整或零原理"（Principle of all-or-none）。

微观世界里的所谓"粒子"并不是像质点一样的微粒

首先，我们要指出，一个粒子并不是像一颗小钢珠一样的"质点"。以光子为例，根据普朗克对于黑体辐射的研究，我们知道电磁波的能量是以一包一包的形式来传输的。每一包的能量就称为一个"量子"，这种量子化的光就称为一个"光子"，这种粒子的名称可能会让人觉得光子就像一个微粒的物体。但这根本不是真的。事实上，我们可以很容易地看出量子化的电磁波包不可能是一个微粒。在量子物理学里，粒子一般是指"亚原子粒子"，它是远小于原子的东西。但光子远大于原子。例如，可见光的波长约为 0.5 微米。由于光子是一个波包，它的宽度必须是其波长的许多倍。假设波包的宽度约为 100 个波长，则其长度约为 50 微米。而一个原子的直径只是 0.0001 微米。这就表示，一个光子可以比一个原子大约 50 万倍！因此，我们不能把量子世界里的"粒子"的概念与直观世界里的"粒子"概念互相混淆。以光子来说，它就绝对不是像一个点状的微粒物体。

那么，电子的情形又如何呢？在实验上，电子的物理性质与光子很像。例如，它们都能满足普朗克关系和德布罗意关系。而且，从衍射实验和双缝干涉实验中，我们观察到电子与光子一样具有波动性质。也就是说，电子的行为非常像光子。因此，在理论上，我们也可以把电子视为真空的激发波。

量子现象其实只是"整或零原理"的表现

让我们先回顾什么是"量子现象"。在本书的第三章曾经提到，量子现象的发现是从普朗克的黑体辐射研究工作开始的。普朗克发现光的辐射能量不是连续的，而是由许多极小的单元组成。这些辐射能量的最小单元就被称为一个光的"量子"。从这些工作的结果，人们就认为光是以一个一个"光子"的形式把能量从一个物体传到另一个物体上去。也就是说，好像光就是以一种"粒子"的形式来传播的。

在几年以后，爱因斯坦研究光电效应时又发现，当一个原子里的电子吸收光的能量时，它也有一个最小的单元，这个最小的单元与普朗克发现的光的量子相等。所以，当原子被光照射时，它里面的电子要么就吸收整个光量子的能量，要么电子就不会吸收任何光的能量。也就是说，当光子与一个电子相互作用时，光子的能量必须全部吸收；而且，当这个光子的能量被电子吸收后，这个光子就湮灭了。这种现象就被称为"量子现象"。

反过来说，当一个原子里的电子从一个高能级轨道跃迁到一个低能级时，它会产生一个光子，而这个光子的能量也正好等于这个电子在两个轨道之间的能级差。也就是说，电子释放出的能量全部都到了这个新产生的光子身上。

因此，在自然世界里，不管是光在真空里的传播，还是光与电子的互动中，光都是以一种量子的形式来参与的。在这个过程中，参与的光能量有一个最小的单元（也就是一个"光子"），不能分割。我们可以说，光子里包含的能量是命运共同体：同生共死。要么整个光子被吸收（或者诞生），要么没有改变。光子就像生活在一个数字化的世界里，只有 0 与 1 的两种状态。

从这些观察里，我们就能得到一个结论：就是在微观世界里，光子的生成和湮灭都必须符合一种"整或零原理"。不过，从上面的事实可以看出，把量子化的光波当作一种粒子只是为了说明光的能量的传播是以一种相等于数字化（digitized）的形式来进行的。

其实不但光子是如此，电子也是如此，电子的反粒子正电子也是如此。我们甚至可以把这个结论推广到宇宙中的所有粒子。所谓粒子的相互作用，其实就是这个"整或零原理"的具体表现。

量子不等于直观世界里的粒子

所以从某种意义上说，微观世界就像是一个数字化的世界，各种基本的运作都以 0 和 1 的方式进行。不过，一个数字化的世界不等于一个粒子化的世界。以一个粒子的产生或者湮灭来代表某种信号的 0 或 1 的状态，只是一种方便我们用直观世界的概念来了解量子现象的描述，而不是真正有一个实体的粒子代表着这个信号。在前文中，我们已经清楚地说明，量子化的辐射能量（光子）并不是一个像质点一样的微粒，而是一个比原子大几十万倍的波包。因此，虽然光子与电子的互动是量子化的，但这并不表示这种量子化的能量就是一个具体的"粒子"。这里，我们还可以用自然世界里面另外一个有趣的例子来说明。

"整或零原理"不但出现在量子世界里，也出现在人类的神经系统的运作里。我们知道人类神经系统的运作依靠神经细胞里

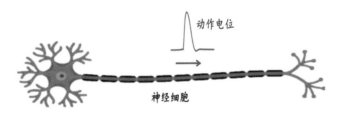

图 6.7　动作电位

在人体里，远程的神经信号是以数字化的形式传递的。在神经细胞里向下游传递的信号叫作"动作电位"，它的传导方式遵从"整或零原理"。

面的电信号，这种电信号可以通过神经纤维（称为"轴突"）向下游传导。这个电信号称为"动作电位"（action potential），它

的产生具有"整或零"的特性（见图 6.7）。当对轴突的刺激低于阈值时，神经元不会产生动作电位。但是当刺激高于阈值时，神经纤维将产生一个完整的动作电位，它有恒定的电位高度（约 100 mV）和宽度（约 1 ms）。因此，在人体里，远程的神经信号是以数字化的形式传递的。也就是说，神经的远程信号也是量子化的。可见自然界有很多现象是以量子的形式来进行。不过显然，神经的量子化信号不是用某种特定的"粒子"来传递的。

如何从波的观点来解释波粒二象性实验

通过上述讨论，我们就不难明白为何光和电子都具备波粒二象性。先以光子为例，当光在真空中传播时，它是以一种波包的形式运动的。"整或零原理"对这个光子的要求只是整个波包的能量必须有一个恒定的值，即 $E = \hbar\omega$。此时，光子的波包的体积可以相当大（比一个原子大几十万倍）。但当光子被吸收时，根据"整或零原理"，整个光子会被原子里的一个电子吸收，此时整个光子的能量就全部集中在一个电子里，其能量分布的体积就大大地缩减了。

因此，在光子的传播过程中，它像是一种波；但是在吸收过程中，它又很像一个粒子。要解释这个波和粒子在概念上的互换过程，我们可以用一个大家熟悉的例子来说明。《一千零一夜》里面提到一个阿拉丁与神灯的故事。阿拉丁无意中得到了一盏神灯，里面住着一个法力无边的灯神。当阿拉丁擦拭神灯的时候，这个灯神就会从灯里面冒出来，成为一个比房子还大得多的巨无霸。巨大的灯神无所不能，不管阿拉丁有什么心愿，灯神都可以帮他完成。灯神完成了阿拉丁交给他的任务以后，他又会一下子缩小回到灯里面去。在物理世界里，一个光子与一个电子的互动就像是这个故事里的灯神和神灯的关系。当一个电子释放出一个光子的时候，这个光子的体积要比电子大很多很多倍。同样，在一个光子要被一个原子里的电子吸收之前，这个光子的波包要比这个原子大几十万倍。当这个光子被电子吸收时，它所有的能量又会瞬间转移到这个电子里，好像这个光子的波包瞬间崩塌在一

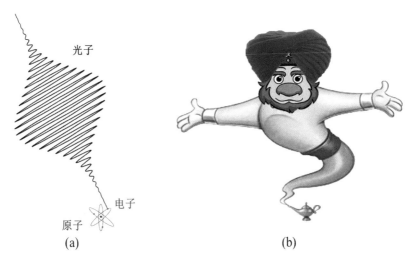

图 6.8　光子被电子吸收与神灯故事的类比

光子被电子吸收的过程可以用阿拉丁神灯里面的故事来比喻说明。（a）一个光子的波包要比一个原子大几十万倍。可是当这个光子要被原子里的一个电子吸收时，它所有的能量会瞬间转移到这个电子里去。这就好像这个光子的波包在瞬间崩塌在一个很小的体积里。（b）这种情形就像阿拉丁神灯故事里的灯神。当这个灯神从灯里冒出来的时候，他是一个巨无霸。可是当他完成了任务准备回到灯里时，他又会一下子缩小到很小，变成灯的一部分。这也是一个崩塌的过程。

个很小的体积里。这与阿拉丁故事里的灯神缩回到神灯里面的情形相似（见图 6.8）。

所以在衍射实验中，一个光子的波包可以有很大的宽度（估计可以与波包的长度相当），它的照射范围远大于晶体样本中的晶格。因此，这个光子的光波可以被多个原子反射。由于光的传播必须满足"整或零原理"，反射后的光波又会重新组成一个单独的光子的波包。这时候如果使用一个侦测器来侦测反射光的运动状态，实验者就会发现反射光还是以一个一个光子的形式来传播的。因此，这就解释了为什么人们可以观察到光子的衍射现象。

同样，使用"整或零原理"，我们也可以很容易解释为什么光在双缝干涉实验中会产生干涉的条纹。由于光是以一个波包的形式来传播的，它不是一个点状的颗粒。一个光子的波包有很大的宽度（远大于它的波长），所以一个光子的光波可以同时通过两个相邻的缝。在通过双缝以后，由于光的传播必须满足"整或零原理"，这个光子的能量又会集中起来成为一个光子（见图6.9）。当这个光子到达探测屏幕时，这个光子的能量会被屏幕中某一个原子里的电子所吸收，根据"整或零原理"，电子吸收了整个光子的能量，光子的波包的能量此时全部转移到了一个单个原子身上。这样一来，人们就可以观测到一个光子的坍塌现象。更具体地说，光子在被吸收前是一个体积远比一个原子大的波包；但当光子被一个原子里的电子吸收以后，它全部的能量就整个集中到一个原子身上，它的有效体积一下子就因此大大地缩小了。

根据物质波理论，一个电子也是一个量子化的真空激发波，

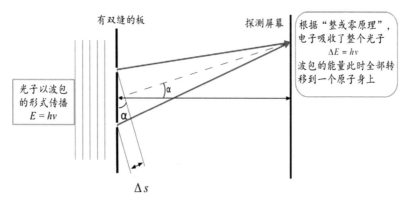

图 6.9　光的双缝干涉实验结果是因为"整或零原理"

当光在通过双缝时，它是以波的形式通过的。通过双缝后的波会重组成为一个单个的光子。但当光到达探测屏幕时，要探测到这个光子的存在就必须吸收这个光子。由于光子能量的吸收要满足"整或零原理"，光子被吸收时，它的能量必须全部转移到一个单个的原子身上。因此在探测屏幕上，它看上去就像一个点状的粒子一样。

其本质与光子相似。所以它也会发生干涉现象。当一个电子在真空中运动时，它也是以一种波包的形式传播的。它的波包里面所带的能量必须符合"整或零原理"（见图 6.9）。所以在电子的衍射实验里，冲击样本的电子束是以一个一个波包传播的。每个波包的体积可能很大（以一个加速到 100 eV 的电子为例，它的德布罗意波长是 1.2 Å，一个波包的宽度应该是波长的许多倍），一个自由电子的波包会比样本里的晶格大得多。因此，一个自由电子可以被晶格里的多个原子反射。由于电子的传播需要满足"整或零原理"，这些反射后的电子波会重新组成一个单独的电子波包。而在这些波包的重组过程中，它会满足布拉格定律（Bragg's law）。这样，人们就可以观察到衍射现象。

同样的原理也可以解释电子的双缝实验。当电子在通过双缝的时候，它是以波的形式通过的，因此可以同时通过相邻的两条缝。通过双缝以后，电子波就会重新组合成一个单个的电子（这是因为电子的传播必须满足"整或零原理"）。当电子被双缝后面的侦测器侦测到时，它为什么又表现得很像一个粒子呢？这是因为当电子被侦测器里的原子吸收时，电子的波包就会瞬间崩塌；由于电子的吸收必须满足"整或零原理"，它的全部能量只能被一个单个的原子吸收。

这就解释了为什么一个单个电子能够通过相邻的双缝、为什么它会产生干涉的现象，以及为什么它在被侦测时又表现得很像一个粒子。

探索物质波方程的物理基础

我们在上一章已经介绍过，目前的量子力学理论还有些重大的争议，包括：

（1）物质波的物理性质是什么？

（2）物质波方程的物理基础是什么？

要回答这两个问题，今天的科学家就必须进行一些全新的探索。在过去的10多年，作者也一直在进行这方面的工作。下面就是关于这项研究的一些最新的成果。

我们认为，所谓"粒子"就是一种"量子化的真空激发波"，包括光子、电子和其他的粒子。传统上，光子被认为是量子化的辐射波，而电子是量子化的物质波。不过我们认为，辐射波和物质波其实都是真空的激发波。这就解释了为什么光子和电子在物理性质上有很大相似的地方。这种把辐射波与物质波统一的概念，其实也不是今天的新发明。爱因斯坦、德布罗意和薛定谔等人也曾经表达过类似的想法。事实上他们发明的很多式子，也是根据这种想法而来的。

根据这种想法，我们对粒子的来源就可以做出下列假设：

（1）所有粒子都是量子化的真空激发波（excitation waves in the vacuum）；

（2）不同的粒子代表着真空不同的激发模式（excitation modes）。

因此，这些所谓"粒子"，其实都是一种真实的、在真空介质中传播的波包。那么，只要找出真空介质里的激发波的波动方程，我们就可以找出粒子的运动方程。而真空的激发波方程，又取决于真空的物理性质。

真空的物理性质

如果你今天问一个高能物理学家，什么是真空？他会很难回答你。在大部分教科书中，没有清楚地定义真空是什么。人们一般只是将宇宙中事物之间的所有空间称为真空。但绝大部分人都不知道真空是什么。

"真空"真的是空的吗？在几个世纪以前，许多物理学家以为"真空"真的是空无一物的。但是，在最近一两个世纪，这种观念已经彻底改变了。前一章已经介绍过，在19世纪的时候，绝大部分的科学家都相信宇宙的真空中存在一种介质叫作"以太"。不过，这种以太假说在 20 世纪初就已经被证伪了。但这并不等于 20 世纪的物理学家认为真空是空的。正如狄拉克的电子理论和现代的量子场论所描述的那样，今天物理学家对"真空"的认识，与以前完全不同。现在的"真空"是一个性质很复杂的概念，有些理论甚至认为它包含着无穷大的能量。有人开玩笑说，"真空"这个概念在今天的理论物理里就像一张魔术师的地毯，所有理论上不能解释的假设，都可以扫到这个地毯的下面去隐藏起来。

　　那么，"真空"的物理性质究竟是怎样的呢？从它的物理性质里面可以导出怎么样的波动方程？我们最近对这个问题做过一些探讨。我们考虑了三种假设：（1）把真空模拟成一种弹性固体介质（elastic solid）；（2）把真空模拟成一种连续介质力学系统（continuous mechanical system）；（3）把真空模拟成一种像麦克斯韦理论里假设的电介质（dielectric medium）。有趣的是，这三种假设都可以得到相似的波动方程，并且它的形式与已知的光的波动方程一致[1]。这三种模式的分别只是波的传导速度很不一样。

　　在上述的三个模式中，唯一符合光的传导方程的是采用麦克斯韦理论的假设的模式。这并不意外。因为在 19 世纪的时候，麦克斯韦已经推导出光的传播就是一种电磁波的传播。那么，麦克斯韦理论里面对于真空的物理性质又有什么规定呢？

---

[1]　Chang，D. C. & Lee，Y.，2015. Study on the physical basis of wave-particle duality：Modelling the vacuum as a continuous mechanical medium. J. Modern Physics，6，1058-1070. http://dx.doi.org/10.4236/jmp.2015.68110.

许多人可能不知道，在麦克斯韦的电磁学理论里面，真空是被当作一种电介质（dielectric medium）存在的。麦克斯韦理论的一项重要的发明是提出了"电荷位移"（charge displacement，称为 D）的概念。麦克斯韦为了使得安培定律符合电荷守恒的要求，在该定律的电流上增加了一项新的电流，称为"电荷位移电流"（displacement current）。这项新的电流奠基于假设空间是一种电介质[1]。如果没有这个假设，这项电荷位移电流就无法存在。这样一来，人们也就无法从麦克斯韦的电磁学理论里导出光的波动方程。

所以，要使得麦克斯韦的光的传播方程成立，必须接受把真空作为一种电介质的假说。也就是说，麦克斯韦的电磁理论已经把真空的物理性质规定为一种电介质。而光子，就是这种电介质的激发波。

物质波方程可以来自真空的激发波方程

根据上述的思路，我们就有办法找出量子力学里面常用的波动方程（包括狄拉克方程与薛定谔方程）的物理基础。我们发现，辐射波和物质波方程都可以从麦克斯韦理论中导出，而从这个物质波方程，最终就可以导出薛定谔方程[2]。这个推导的过程可以用图 6.10 来说明。

首先，从麦克斯韦方程我们可以得到真空的激发波方程。其

---

[1]　Chang，D.C.，2017. On the Wave Nature of Matter: A transition from classical physics to quantum mechanics. arXiv: physics/0505010v2. Link: https://arxiv.org/abs/physics/0505010v2.

[2]　同上。

次，这个激发波方程可以有两类的解：第一类是平面波（plane wave），它代表着电磁的辐射波；第二类是类似于旋涡的波（vortex wave），它代表着描述粒子运动的物质波。对于辐射波，真空的激发波方程可以直接变成光的波动方程（见图6.10）。对于物质波，真空的激发波方程可以导出克莱因－戈登方程。再次，当这个粒子是一个费米子（如电子）的时候，克莱因－戈登方程可以导出狄拉克方程。最后，当电子的运动在一种低能量的状态下，狄拉克方程可以转变为薛定谔方程。

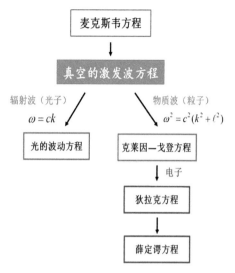

图6.10　电子的量子波动方程的物理基础

　　根据我们建议的物质波模型，粒子只是真空的激发波。而真空的物理性质可以从麦克斯韦理论里面知道。因此，不只光子的波动方程可以从麦克斯韦理论里导出来，电子的量子波动方程也可以从麦克斯韦的理论里导出来。换句话说，辐射波和物质波都是同源的。不过，两者的色散关系并不一样。（详细的推导过程可以参考 D.C. Chang, (2021) Review on the physical basis of wave-particle duality: Conceptual connection between quantum mechanics and the Maxwell theory. Modern Physics Letters B, Volume 35, Number 13; 2130004）

　　在上述这项推导过程中，我们发现辐射波和物质波虽然都是真空的激发波，但这两者有着不同的"色散关系"（dispersion

relation）（色散关系是指波的频率与其波长的关系）。这一点非常重要。因为我们知道，一个波包的运动速度是由其色散关系来直接决定的。当这个色散关系不一样的时候，这个波包的运动速度也就不一样了（见附录 6.1）。

附录 6.1：波包在介质中的运动速度

当一个波包在介质中传播时，波包的运动速度并非由波的"相速度"（phase velocity）决定，而是由波的"群速度"（group velocity）决定。后者又取决于波的色散关系。更具体地说，波包的群速度就等于波数对频率的一次微分：$v = \dfrac{\mathrm{d}\omega}{\mathrm{d}k}$。

我们在上一段已经指出，真空的激发波可以用两种不同的模式传播。第一种是辐射波，第二种是物质波。辐射波的色散关系是：

$$\omega = ck \tag{A6.1}$$

由于

$$v = \frac{\mathrm{d}\omega}{\mathrm{d}k} = c \tag{A6.2}$$

所以，这种色散关系意味着光的传播速度是恒定不变的（也就是光速 c）。

对于物质波，它的色散关系是：

$$\omega^2 = (k^2 + l^2)c^2 \tag{A6.3}$$

因此，

$$v = \frac{\mathrm{d}\omega}{\mathrm{d}k} = \frac{ck}{\sqrt{k^2 + l^2}} < c. \tag{A6.4}$$

其中：$l = 2\pi/\lambda_{\text{Compton}}$。$l$ 与康普顿波长成反比，因而与粒子的质量成正比。式（A6.4）意味着物质波的波包（代表着一个粒子）

的运动速度不是恒定的。一个粒子（波包）的速度最多只能达到光速 c。而且，根据德布罗意关系，一个粒子的动量与它的波数 k 成正比。因此，物质波的色散关系就表示：一个粒子的动量越大，它的速度也会越快。

波包何以会表现得像个粒子

从以上讨论，我们知道光是一种辐射波，把光作为一种"粒子"的概念是来自其能量的量子化。该量子化的光波被称为"光子"。光子不是连续的波，而是波包。

同样，根据德布罗意的假设以及电子的衍射实验，我们知道电子也是一种波包。事实上我们可以认为，所有亚原子的粒子，其实都是量子化的真空激发波（称为"物质波"）。读者可能会问：为什么一个物质波的波包在宏观世界中会表现得像个粒子？

回答这个问题的关键是，所有粒子（包括电子）与光子一样，都遵循普朗克关系 $E = \hbar v$ 和德布罗意关系 $p = \hbar k$。因此，从波包的频率和波长，我们就可以确定其能量和动量。从这个意义上说，波包已经被赋予了粒子的一些属性。

那么，一个波包是否也具有"质量"呢？答案是肯定的。对于一个波包而言，它不但具备了"动量" p，它还有明确定义的速度 v，那就是波包的"群速度"（$v = \dfrac{\mathrm{d}\omega}{\mathrm{d}k}$）。从牛顿力学里我们知道，物体的"质量"（$M$）与其动量（$p$）相关，

$$p = Mv \qquad (6.3)$$

既然我们知道了波包的动量和速度，我们就可以很容易地将波包的"质量"定义为：

$$M = p/v \qquad (6.4)$$

从德布罗意关系中，我们知道波包的动量是 $p = \hbar k$。从波包的色散关系中，我们也知道波包的群速度 v。这意味着波包具有明确定义的质量，这个质量可以称为波包的"有效质量"。在最近的一项研究中，发现波包的有效质量可以产生与牛顿力学中的惯性质量相同的引力效应。[1] 因此，这样的"有效质量"完全可以表现得像真实的质量一样。

由于波包可以具有明显的"能量""动量""速度"和"质量"，因此这个波包看起来就像直观世界里的粒子一样。

物质波与概率的关系

我们这种物质波的观点与传统的量子力学的观点有何异同之处？首先让我们讨论这两种观点不同的地方，再讨论它们的相同之处。

在本章的开始，我们已经表明，从实验的证据来看，物质波应该是一种拥有具体粒子性质的真实的波。否则难以解释电子的

---

① Chang, D. C. 2018. A quantum mechanical interpretation of gravitational redshift of electromagnetic wave. Optik, 174, 636–641. https://doi.org/10.1016/j.ijleo.2018.08.127.

衍射实验及双缝干涉实验。而且，如果我们相信德布罗意的假设的话，电子与光子都应该是真空介质的激发波。具体而言，根据麦克斯韦理论，我们知道真空的物理性质很像一种电介质，里面充满着带正电和带负电的电荷载体。所以不论是辐射波还是物质波，其实都是这些电荷的波动。在我们最近的一篇论文里，对于物质波的性质做过一些详尽的研究。[①] 我们发现，真空介质激发波的传播机制其实与一个弹性固体里的激发波传导的机制有相似的地方。根据这两者的类比，我们得出了一个结论：在量子方程里的波函数与麦克斯韦理论里的"电荷位移"（charge displacement）有着直接的关系。

在传统的量子力学里面，一般采用哥本哈根学派的诠释。在这个传统模式里面，粒子是个点状物体。而量子方程里的波函数只是这个粒子在某一时空存在的概率波；这个波不是真实的波，它只有统计学上的意义。

我们在本章里讨论的物质波观点，虽然与哥本哈根学派的出发点不一样，但其实这个模型也可以得到哥本哈根学派的计算结果。换句话说，如果采用物质波的观点，把微观世界的粒子理解为一种真空的激发波的话，也可以得到波函数与粒子存在的概率关系，而且它的结果与哥本哈根学派所假设的是一致的。

前面已经提到，当一个光子在真空中传播时，整个波包的长度起码是几十微米，相当于几十万个原子的长度。但是当这个光子被原子里的电子吸收时，整个光子的能量都会集中到一个电子身上。所以，当一个光子在传播时，很多个原子都可以同时感受到这个光子的存在，但最终只有一个原子里的电子能够把光子的能量全部吸收，这就表示光子与电子的互动很大程度上是依赖概率的。那么当这个光子在某个时刻与众多原子同时互动时，哪些原子有较大的机会能够吸收到光子的能量呢？这当然就要看这个原子所处的位置是否有利于吸收光子的能量。

打个比方说，每一个有可能吸收光子的原子就等于是一个"天线"。它可以吸收天上的无线电波（相当于光子的波包）。如果这根天线处在波包振幅最大的地方，它感受到的信号最强，因此它能吸收到这个光子的可能性就最大。反过来说，如果一根天线处在一个波包振幅很小的地方，天线所感受到的信号就很弱，它吸收到这个光子的可能性就很小（见图 6.11）。

在这个以原子作为天线的类比中，我们可以粗略地估计在不同位置的原子能够吸收光子的概率。一根天线接收到的电信号的幅度应该与该天线位置辐射波的强度成正比，天线所产生的电信号的强度可以用一个电位差 $V(x)$ 来量度，辐射波的强度可以以波函数 $\psi(x)$ 来量度。因此，这个电位差 $V(x)$ 与 $\psi(x)$ 波函数的绝对值成正比：

$$V(x) \sim |\psi(x)|$$

假如我们把天线吸收的能量称为 $E(x)$，由于 $E = V^2/R$，所以 $E(x)$ 与 $V(x)$ 的平方成正比。根据上式，我们就可以得到：

$$E(x) \sim V^2(x) \sim |\psi(x)|^2$$

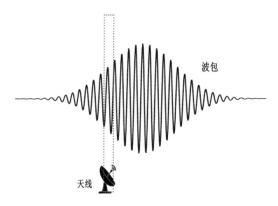

波包

天线

图 6.11　解释原子位置与吸收光子波包关系的示意图

　　　　要测量光子的位置就需要使用一个光子的
接收器。这就好像要使用一个天线来接收无线
电波信号，而这个电波信号其实是一个波包。
处于波包振幅最大的地方的天线能吸收到这个
光子的可能性就最大，处在一个波包振幅很小的
地方的天线吸收到这个光子的可能性就很小。

　　也就是说，一个光子可以同时与很多个原子互动。但只有一
个原子可以吸收这个光子（注：这是由于"整或零原理"）。那
么哪一个原子可以这么幸运呢？我们认为，那些有可能吸收到最
多光子能量的原子，能最终掳获光子的概率就最高。换句话说，
一个原子吸收这个光子的概率是与上述的 $E(x)$ 成正比的。根据上
式得到：

原子在 x 位置吸收光子的概率 ~$|\psi(x)|^2$

　　上述的讨论是以光子为例子。不过，根据我们的物质波模型，
电子与光子都是真空的激发波。因此一个电子的吸收概率也有相
似的关系。如光子一样，一个自由的电子的波包也可以分布很广。

如果一个实验者要侦测这个电子的位置，他必须使用一些实验手段来让这个电子被某个原子吸收。当这个电子被吸收时，这个自由电子的波包就会在瞬间崩塌，把全部的能量和电荷转移到一个原子里面去。所以在做实验以前，这个自由电子只是一个波包，它的"粒子"位置是不能确定的。只有在进行了检测实验以后，这个电子的波包才会崩塌到一个原子之中，这时候，人们才能确定这个电子"粒子"的位置。由于这个波包在未崩塌时，可以覆盖多个原子，许多原子都有机会吸收这个电子。那么在哪些位置的原子吸收电子的机会比较高呢？从上面分析光子的吸收过程中，我们就可以知道，当一个原子感受到电子波包的振幅较大时，它与这个电子的互动也就较强，

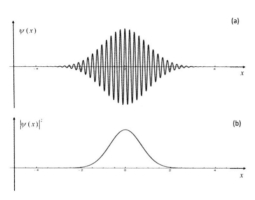

图 6.12　波函数与侦测到粒子概率的关系

一个自由的电子的波包分布很广。只有当这个电子被原子吸收时，它的波包才会在瞬间崩塌，把全部的能量和电荷转移到一个原子里面去。所以在做实验以前，这个电子的位置是不能确定的。只有在这个电子的波包崩塌以后，人们才能确定这个"电子"的位置。从上面分析光子的吸收过程中，我们可以知道，当一个原子感受到电子波包的振幅较大时，它与这个电子的互动也就较强，因此吸收这个电子的概率也就较大。一个在 x 位置的原子能吸收该电子的概率与电子在 x 位置的波函数的平方成正比。（a）$\psi(x)$ 是电子的波函数；(b) $|\psi(x)|^2$ 是电子的波函数的平方，它与电子被检测到的概率成正比。

因此吸收这个电子的概率也就较大。在这个过程里，一个在 x 位置的原子能吸收该电子的概率也会与上式一样，与电子在 x 位置的波函数的平方成正比（见图 6.12）。

所以，即使采用了这个物质波的观点来解释量子方程里的波函数，也可以得出哥本哈根诠释预言的结果。

物质波模型可以很容易解释海森堡的测不准原理

在科学的发展过程中，会不断出现新的模型。这些新的模型是否会被后来的人采纳，主要看它是否能比过去的模型更容易地解释实验观察结果，或者是否能解释更多的事实。我们在上面介绍的物质波量子模型，它显然比传统的粒子量子模型能解释更多的在微观世界里观察到的物理现象。不但如此，它还为量子理论提供了一些更清晰的物理基础。从上面的讨论可知，这个物质波模型可以解决过去许多对于量子理论的困惑，包括：

（1）粒子为何能在真空中产生和湮灭？

（2）为何粒子会有波粒二象性？

（3）物质波的物理性质是什么？

（4）对于爱因斯坦与玻尔关于量子波函数不同解释的争议，如何能提供一个比较合理的解答？

除此之外，这个物质波模型还可以解决量子力学里面一个很重要的难题：如何去解释海森堡的测不准原理的物理基础。

人们如果把粒子视为一个微小的质点，是没有办法解释海森堡"测不准原理"的物理依据的。这个原理只能当作是一种理论上的假设。但如果我们采用物质波的观点来看待自然的微观世界，那么这个测不准原理就可以很容易解释。①

根据我们的物质波模型，粒子只是一个量子化的真空介质的激发波。由于粒子是以一个波包的形式运动，它的频率（ω）与波长（λ）并非单一的，而是有一个狭窄的范围（例如波包的频率主要分布在的范围内 $\omega \pm \Delta\omega$）。对于一个波包来说，它在空间和时间维度上也都会有一定的宽度，Δx 和 Δt。我们从数学上的傅立叶变换（Fourier transform）的分析中得知，$\Delta\omega$ 与 Δt 是互相对立的，当一个波包的 $\Delta\omega$ 越小，这个波包的 Δt 就会越大；反之亦然（见图 6.13）。当一个波包是接近于一个连续波的时候，它在时间轴上是非常宽的，也就是说它的 Δt 非常大。但同时，这个波包的频率就会非常接近一个单一的频率，也就是说它的 $\Delta\omega$ 会变得接近 0［见图 6.13（a）］。反过来说，如果这个波包在时间轴上是非常窄的 ($\Delta t \to 0$)，那么这个波包在频率上的分布就会非常宽（$\Delta\omega$ 会变得非常大）［见图 6.13（c）］。

对于一般的波包，$\Delta\omega$ 与 Δt 都不会趋近 0［见图 6.13（b）］。这时候，根据数学上对于傅立叶变换的要求，波包的频率宽度和时间宽度必须满足下列的数学关系：

$$\Delta\omega \cdot \Delta t \sim 2\pi \qquad\qquad (6.5)$$

---

① Chang, D. C., 2017. Physical interpretation of the Planck's constant based on the Maxwell theory. Chin. Phys. B, 26 040301.

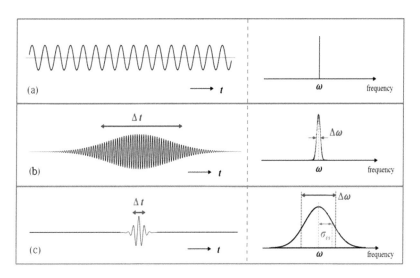

图 6.13　波包在时间上的宽度与其在频率上的宽度的关系

　　左侧的图代表时间的领域，右侧的图代表频率的领域。（a）当一个波包是连续波时，它在时间领域中分布很广；它的频率 ω 却是一个单一的常数。（b）当一个波包在时间上有一定的宽度时，它的频率分布也有一定的宽度。（c）当一个波包在时间上是非常窄的时候，它的频率的分布就会变得较为宽阔。

　　利用了普朗克关系 $E = \hbar\omega$，从上式就可以得到：

$$\Delta E \cdot \Delta t \sim h \qquad (6.6)$$

　　以上的关系式描述了一个自由粒子的波包在时间与能量上的不确定性，这就是海森堡"测不准原理"。应用了数学上的傅立叶变换的分析，我们还可以得到一个粒子波包在位置和动量上的不确定性。假定粒子是真空介质里的一个波包，它的位置和波数的分布宽度分别为 Δx 和 Δk，根据数学上对于傅立叶变换的要求：

$$\Delta k \cdot \Delta x \sim 2\pi \qquad (6.7)$$

　　利用德布罗意关系 $p = \hbar k$，从上式就可以得到：

$$\Delta p \cdot \Delta x \sim \hbar \qquad\qquad (6.8)$$

以上的关系式描述了一个粒子的波包在位置和波数上的不确定性。所以，为何自然中的粒子会符合海森堡的"测不准原理"，这完全是因为一个粒子在本质上是一个波包。

如何解决一些更深层次的问题

在上一章里，我们曾提到今天在近代物理里有两大支柱，就是量子力学和狭义相对论。不过，这里面有些深层次的问题，就是量子力学与相对论对于真空的假设不一致。在本章里，我们指出，根据麦克斯韦的理论，真空基本上像一种电介质。所以才会出现有电荷位移。而在近半个世纪里，也有很多实验显示真空并非是空无一物的空间。这些实验包括：真空极化效应（effects of vacuum polarization）、兰姆位移（Lamb shift）和卡西米尔效应（Casimir effect）。因此，真空才有可能传导不同模式的激发波，而这些激发波就组成了微观世界的粒子。

显然，这个物质波的模型里的真空与传统的量子理论里的真空是相容的；可是和狭义相对论里面的真空却有很大的分别。那么它是否与一般认为是从相对论得出的物理关系发生冲突呢？对此我们曾经做过许多深入的研究。我们发现一个非常有趣的结果，那就是：这些一般所谓从相对论得出的物理关系，其实并非植根在相对性原理（principle of relativity）的假设上，而是因为粒子的本质是个波包。下面是一些比较具体的分析。

质能为何能互换

20 世纪，质能互换公式（$E = mc^2$）是最有名的一条物理公式。许多人以为这个公式是爱因斯坦从狭义相对论导出的，但最近有好几篇研究科技史的论文做出考证，认为这种流行的说法并不准确。[①] 首先，质能互换公式在爱因斯坦之前就已经由别的科学家（例如庞加莱）提出了。其次，爱因斯坦虽然一再尝试推导这个公式，但他根据的都是一些假想实验（thought experiment），而非严谨的物理原理。最后，爱因斯坦对该公式的推导并非根据相对性原理，而是假设光子表现得像一个有质量的粒子。

事实上，如果我们认识到量子化的光波表现得像一个粒子，我们就可以很容易地导出光子的质能互换关系。我们在本章前面已经介绍过，光子的色散关系已知为：

$$\omega = \frac{2\pi c}{\lambda} = ck \qquad (6.9)$$

将上述等式的左手侧和右手侧乘以 $\hbar$，并使用普朗克关系和德布罗意关系式，就可以得到：

$$E = cp \qquad (6.10)$$

从牛顿力学里我们知道，物体的"质量"（M）与其动量

---

① 例如：Rothman, T. (2015 August 24) Was Einstein the first to invent $E=mc^2$? E-publication of Sci. Am. Link: https://www.scientificamerican.com/article/was-einstein-the-first-to-invent-e-mc2/.

Hecht E., 2011. How Einstein confirmed $E_0=mc^2$? Am. J. Phys., 79, 591.

Fadner W. L., 1988. Did Einstein really discover "$E_0=mc^2$"? Am. J. Phys., 56, 114.

（p）相关，

$$p = Mv \qquad （6.3）$$

光子的速度是 c，所以它的"质量"就可定义为：

$$M = p/c \qquad （6.11）$$

把公式（6.10）代入公式（6.11），我们就可以得到：

$$M = \frac{E/c}{c} = \frac{E}{c^2} \qquad （6.12）$$

也就是说，

$$E = Mc^2 \qquad （6.13）$$

因此，光子不但可以具有质量，它的质量也完全满足质能互换的公式。

对于有静止质量的粒子（如电子），要导出质能互换公式稍微复杂一点。不过基本上也可以从粒子的波包性质导出（见附录6.2）。

为何粒子的质量会随其速度改变

在牛顿力学中，一个物体的"引力质量"与"惯性质量"相同，这个质量被认为是一个常数。20 世纪初，人们通过实验的观察发现粒子的质量可以随其速度（v）而变化。因此，物理学家认为一个物体可以有两种不同意义的质量：第一种是与速度相关的质量，称为"运动质量"（moving mass）。第二种是与速度无关的质量，也就是当物体在静止状态时候的质量，它被称为"静止质量"（resting mass）。对一个物体来说，它的静止质量是恒定的，因此是一个常数。不过这个物体的运动质量是非恒定的。根据实验结果，运动质量（M）与静止质量（m）的关系是：

$$M = \frac{m}{\sqrt{1 - v^2/c^2}}$$　　　　（6.9）

这种质量随速度改变的现象的物理基础是什么呢？在许多教科书中，往往声称上述关系是狭义相对论的结果。但如果读者认真地阅读爱因斯坦在 1905 年关于相对论的论文，便会知道爱因斯坦得出的结果与上式不同。根据最新的研究，上式可以从粒子的波包物理性质导出（见附录 6.2）。

为什么一个粒子的波包性质会导致质量随速度而变化呢？

首先，我们要知道，一个粒子在真空中的运动速度不是没有极限的。在现代的许多加速器里，一个粒子可以被加速到非常高的能量，但是它的速度却最多只能接近光速，不能超越 c。这个现象本身就已经说明：一个粒子并非像经典力学里面的物体（即像一个微型的子弹）。在经典物理学里，真空是一个空无一物的空间，当一个物体在真空中运动时，它可以被无限加速。但我们观察到，粒子的运动速度以光速为极限。这个现象就暗示了粒子极可能是真空介质里面的激发波。因为一个激发波的传播速度，是由其介质的物理性质来决定的。在这个介质里面运动的波包的运动速度，不能超越波的极限传播速度。我们知道，光速由真空介质的物理性质决定，也就是 $c = 1/\sqrt{\mu_0 \varepsilon_0}$（其中，$\varepsilon_0$ 是真空的介电常数，μ_0 是真空的磁导率）。如果一个粒子是这个真空介质里面的激发波的话，它的运动速度自然不能超越光速 c。

其次，一旦粒子有了一个速度的限制，这就预言了质量必须随速度而改变。为什么呢？我们知道，一个粒子的动量等于质量和速度的乘积，即：

$$p = Mv \qquad (6.3)$$

在加速器里，可以使用外加的能量来让一个粒子不断地加速。理论上，粒子的能量和动量都是没有上限的。不过，由于粒子的速度 v 有一个上限，就是光速 c，那么它的动量 p 如何能够一直增加呢？这就必须依靠质量 M 的不断增加。所以在一个加速器里的粒子，当它的速度接近光速时，粒子吸收的能量不是用来增加它的速度 v，而是主要用来增加它的质量 M。也就是说，粒子的速度限制，必然需要质量的增加来弥补，否则粒子的能量和动量就不能不断地增加了。

换句话说，当一个粒子的运动速度越大，它就越难被加速。这就相当于，粒子的速度越大，它的惯性质量也越大，因此越难被加速。所以这个粒子的惯性质量会随着粒子的速度而增加。而这一切，就是为了保证粒子作为一个激发波，其运动速度不会超越光速。

附录 6.2：物质波的能量—动量关系

我们一旦认识了粒子是一种物质波，就可以很容易地导出粒子的能量—动量关系（energy-momentum relation）。在本章的"附录 6.1：波包在介质中的运动速度"里，我们已经介绍过，粒子在空间中的运动速度其实就是由波包的群速度所决定的。而这个群速度又由波包在介质中的色散关系来决定。对于物质波来说，它的色散关系是：

$$\omega^2 = (k^2 + l^2)c^2 \qquad (A6.3)$$

这里的 l 与康普顿波长相关，$l = 2\pi/\lambda_{\text{Compton}} = mc/\hbar$。利用普朗克关系 $E = \hbar\omega$ 和德布罗意关系 $p = \hbar k$，上式就变成：

$$E^2 = p^2c^2 + m^2c^4 \qquad (\text{A6.5})$$

由于粒子是一个波包，所以粒子在真空中的运动速度就等于这个波包的群速度：

$$v = \frac{\mathrm{d}\omega}{\mathrm{d}k} = \frac{\mathrm{d}E}{\mathrm{d}p} \qquad (\text{A6.6})$$

利用公式（A6.6）和 $p = Mv$，我们就可以从公式（A6.5）导得：

$$M = \frac{m}{\sqrt{1 - v^2/c^2}} \qquad (\text{A6.7})$$

和 $\qquad\qquad E = Mc^2 \qquad\qquad\qquad (\text{A6.8})$

在许多教科书和科普书里面，一般认为上述两个式子是从相对论导出的。但其实，这些物理关系只是反映了粒子是一种波包的事实。[①]

结论：我们活在一个波的世界里

综合本章的讨论，我们认为在自然的微观世界里面，所有粒

---

① Chang, D. C. (2020) A quantum interpretation of the physical basis of mass‐energy equivalence. Modern Physics Letters B, Vol. 34, No. 18, 203002. doi:10.1142/S0217984920300021.

子都是真空介质的激发波。这包括光子和所有亚原子粒子，例如电子、质子、中子等。它们都是量子化的波包；它们的传播、产生和湮灭都必须遵循一个"整或零原理"。因此，它们看起来很像一个个粒子。

从本章之前的讨论可知，这些"波包"具有能量、动量和质量，因此它们看起来很像在直观世界里面的一些质点状的物体（"粒子"）。而且，这种"波包"还有它的位置和速度，因此就更像一个粒子了。不过，作为一个波包，它的位置不是十分精确（波包有一个宽度 Δx ）；同样地，它的动量也不是十分精确（波包的动量有一个宽度 Δp ）。因此，如果要同时测量这个波包的位置和动量，就会出现"测不准原理"。

综合而言，由于这些粒子的本质是量子化的波动能量（quantized excitation wave in the vacuum ），将其称为"粒子"其实并不准确，较准确的名称应该是"波／粒子"（wave/particle ）。不过这个名称有点长，也许我们可以把它简化，把这些玻色子和费米子统称为"波子"（waveticle ）。这样一来，不但光子可以称为"波子"，电子、中微子等也可以称为"波子"。事实上，我们相信，一些由夸克组成的强子，例如质子和中子等，它们也由真空的激发波组成。它们在本质上也是"波子"。

因此，组成物质世界的原子，其本质就是一个由波动的能量组成的系统。在此意义上来说，宇宙万物都是由波组成的。我们的微观世界是一个量子世界，而所谓"量子"，其实就是一个数字化（digitized）的世界。这种数字化的能量就是靠着真空的激发波来传递的。换句话说，我们就是活在一个波的世界里。

第七章

从粒子世界到物质世界
——宇宙中的不同化学元素是如何产生的
王国彝

目前，科学家认为宇宙起源于大爆炸。不过这个宇宙大爆炸理论只预言了最简单的原子（氢和氦）的产生。然而在现实世界里的许多物体，包括我们自己的身体，都是由多种不同的元素组成的。这些比氢重得多的化学元素是如何产生的呢？

　　小王一早起来，想起今天有化学的期中考，心里有点沉重，但记得昨天晚上已经把笔记温习透了，心里还是比较踏实的，特别是元素周期表，现在已经了然于胸。他看到不同的事物，都会联想到当中包含什么元素。

　　他拿起杯子用水漱口，便想起水的成分是氢和氧，这是他从初中开始就已经耳熟能详的。

　　坐在早餐桌前，一眼看到妈妈为他准备好的熟鸡蛋，便记起化学老师说过，里面的蛋白质含有碳、氢、氧、氮、磷、硫等元素。妈妈煮的鸡蛋刚刚好，但有时学校饭堂的鸡蛋太熟了，蛋黄边缘会变得黑黑绿绿的，他知道那是硫的化合物。

　　妈妈说外公最近常出现幻觉，有点担心。医院说只是体内电解质不太平衡，平衡恢复了就没事了，他想起生物老师讲过神经系统的奥妙，当中钠和钾在神经元产生脉冲信号时都扮演重要的角色。

　　拿起手机看看有没有好朋友的信息，便想起物理老师眉飞色舞地讲起手机里面的芯片技术，基本材料是硅，和海滩上沙粒包含的硅一样，真是神奇。

他开始想到元素周期表里面原子序较大的元素。他知道全屋的电线都是铜做的，传统电灯泡中的灯丝是钨做的，里面灌了氩气，家里不锈钢热水瓶的材料是铁，外面电镀了铬作为防锈层。妈妈打算光顾的珠宝店里有金、有银，而且更名贵的东西是用铂做的。近日同学间热烈讨论核子发电的利弊，核燃料就是铀。

突然小王想起上星期王教授精彩的演讲，题目是"宇宙"，觉得很迷惑。王教授不是说宇宙早期单有氢和氦原子吗？化学老师不是说元素是不能改变的吗？那么各种元素是怎么来的呢？

小王的问题，其实是天文学和核物理学一个重要而有趣的问题，而且答案有多个层次，更包括了近年最新的研究成果，让我们一一道来。

宇宙大爆炸产生的元素

的确，根据大爆炸的理论，宇宙起源时充满粒子，就像一碗汤一样，当中包含光子及其他基本粒子，而且密度非常高（见图 7.1）。

要了解宇宙起源的状态，我们可以看看现在粒子物理的标准模型，它是透过很多物理实验得出来的成果，其中一个最重要的国际合作实验室就是欧洲核子研究中心，它有一个非常大的粒子对撞器，原理就是把一些基本粒子加速到极高能量，然后看看粒子对撞后产生的碎片，从中找出粒子组成的线索（见图 7.2）。

这些物理实验，确定了标准模型的内容。在各种粒子的状态中，比较大的是原子，由核子和电子组成；而核子中又有质子和

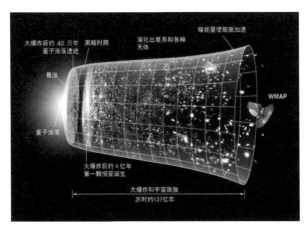

图 7.1 宇宙的发展

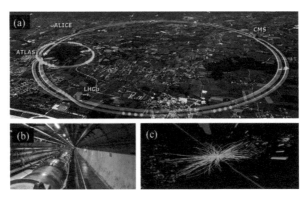

图 7.2 (a) 粒子对撞器的俯视拍摄图,(b) 粒子对撞器内的情况,
(c) 希格斯玻色子

中子，这些物质由夸克组成。当中有六种夸克，分别是 u，d，s，c，t，b。这些粒子之间有四种作用力，分别为：电磁力、弱作用力、强作用力、万有引力，这四种力需要用粒子传递，电磁力需要用光子传递，弱作用力需要用 Z 玻色子和 W 玻色子传递，强作用力用胶子传递，而万有引力以重力子传递。强子分为两种，一种是由三个夸克组成的重子，另一种是比较轻、用两个夸克组成的介子。重子包括质子和中子。另外还有轻子。最近亦发现了希格斯玻色子，令粒子拥有质量。这些粒子组成了粒子物理的标准模型，它解释了大部分实验中得到的数据（见图 7.3）。

图 7.3　标准模型

认识了这些背景资料后，可以看看大爆炸后发生的情况。随着时间的流逝，温度一直冷却，所以粒子的能量都越来越低。在早期的时候温度非常高，所以以上提到的四种自然力都分不开，而冷却到大概 10^{32} K 的温度时，万有引力跟其他自然力开始分开。

宇宙再冷却到 10^{27} K 以下的温度时，强作用力跟弱作用力和电磁力就分开了。这个过程可以用气体冷却作为比喻，在高温时，我们不能分辨不同的液体和气体，但当冷却到足够低的温度时，不同的液体和气体便能分辨出来。在 10^{27} K 这个温度的相变，可以用大一统理论 (Grand Unified Theories) 解释。这种相变会引起宇宙的膨胀，即是暴胀。

温度再冷却到下一阶段，即 10^{15} K 的时候，弱作用力和电磁力会再分开。直到现代的宇宙，这四种力仍然独立地存在（见图 7.4）。

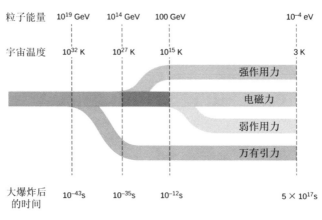

图 7.4 宇宙冷却的历史

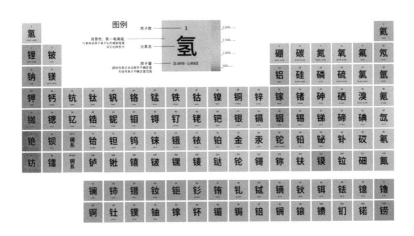

图7.5　元素周期表

　　现在我们可以来看看图7.5元素周期表里最轻的两个元素：氢和氦。大爆炸理论可以准确地推断这两种元素是来自大爆炸的，而且这推断被视为该理论最有力的证据之一。至于其他较重元素的来源，我们还要看本章的下面几节。

　　大爆炸理论的推断是这样的：在宇宙早期的时候，质子和中子会同时存在，质子会变成中子（还有正电子和中微子），中子也会变成质子（还有电子和反中微子），保持一种动态的平衡。但是，中子的质量稍高一点，根据爱因斯坦质能互换的公式 $E = mc^2$，就是说中子的能量稍高一点，也就没有那么稳定。

　　在高温的时候，两者数量大致相等，但温度降至 10^{10} K 时，较稳定的质子吸收热量变成较不稳定的中子，会慢于中子释放热量变成质子，这样中子的比例会渐渐降低。可是，温度继续降低时，中子却可以和质子合成氦原子，使宇宙间中子和质子的比例（包括独立的和在氦原子里的）稳定下来。此时这比例约是1：7，而因为氢原子核由一个质子组成、氦原子核由两个质子和两个中子组成，所以宇宙间氢和氦的比例是3：1。

大爆炸理论还推断有其他微量较重的元素形成，所以上述比例符合现今世代观察到宇宙的质量有约 75% 是氢、25% 是氦的现实。至于较重的元素，如碳、氮、氧和重金属，大爆炸理论推断的数量不足以解释现今世代的元素比例，所以看出它们不是在宇宙早期形成的。

当宇宙继续冷却，温度到了约 3000 K 时，原子核终于可以和电子稳定地合成中性的原子，这就是第一章提到宇宙背景辐射的时期，这时宇宙的年龄是 40 万年。这里再补充一点描述。

说到宇宙背景辐射的发现，也有一段故事。20 世纪 60 年代，美国的贝尔实验室建造了大型的微波天线，用来侦测微波卫星通信，地点在美国的新泽西州。当时有两位工程师，分别是阿诺·彭齐亚斯 (Arno Allan Penzias) 和罗伯特·威尔逊 (Robert Wilson)，他们利用了天线来研究卫星通信，其后向公司申请用来量度从宇宙来的微波，希望发展微波天文学（见图 7.6）。

但他们开始测量后，发现在宇宙来的微波充满杂音，他们认为做天文观测前必须先清除杂音，于是便千方百计考察背景辐射出现的原因。他们先想到可能是纽约市传来的，因为新泽西州就在纽约市的市郊，但他们发现杂音是从四方八面来的，并非只来自纽约市的方向。他们就想到可能是天线内藏了鸽子的排泄物而产生的，结果他们就把天线清理了（做科学工作应是不怕脏的），

图 7.6 大型的微波天线

但在清理后的噪声仍然没有衰减，噪声仍然存在。他们再想这些噪声会否来自太阳系，例如太阳，但因为地球运行一周会面向太阳系不同的方向，但噪声一直存在。他们最后想是否因为当时是"冷战"时期，世界强国都在大气层进行空中核爆试验，他们认为有可能是核爆所遗留下来的放射性物质影响到背景辐射，但他们发现核爆之后噪声久久没有衰减。

这时他们风闻理论物理学家推断宇宙起源时在冷却的过程中会有遗留下来的辐射，仿似微波炉内的辐射，他们醒悟到那困扰他们多时的噪声，其实是一个革命性的发现。他们就宣布发现了

221

宇宙背景辐射，很快就被科学界接受了，而这两位科学家也荣获1978 年的诺贝尔物理学奖。

现在谈谈宇宙背景辐射的来源。在宇宙温度仍然在 3000 K 以上时，质子和电子都是带电的，如果有电磁波（如可见光）通过，会令质子和电子振动起来，振动的电荷又会向不同方向放射电磁波，这过程称为散射。所以这些电波不能走直线的路径，反而像喝醉了酒的人漫无目的到处游荡，从外面观察的话就不能看到任何清晰的映像，只能看到一片模糊（见图 7.7）。

这种情况一直维持直至宇宙的温度冷却至 3000 K，这时温度足够低，质子和电子可以组合成氢原子，称为复合(Recombination)。在这个复合过程后因为正电荷和负电荷中和了，在宇宙中大部分的电荷便消失了，这时电磁波就不受散射干扰，才能一直传递到今天，成为我们观察到的宇宙背景辐射，令我们更了解宇宙的早

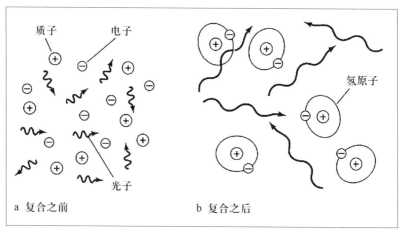

图 7.7　显示宇宙从 3000K 以上冷却到 3000K 以下，从模糊状态变成透明状态

期状况。

　　复合后的宇宙清晰了很多，而其他的原子和分子因为万有引力形成星、星体，甚至更大的结构，而宇宙的温度亦不断冷却，直到今天的温度已经冷却至 3 K。从图 7.8 中我们可看到宇宙温度下降的情况，宇宙早期主要由辐射组成，但到现在的宇宙主要由物质组成。大概在宇宙年龄一亿年时，开始有星系形成。

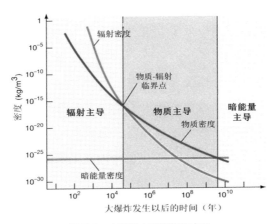

图 7.8　由辐射主导到物质主导

恒星演化中产生的元素

　　上一节说到大爆炸理论准确推断氢和氦的在宇宙物质中的比例，但不足以解释较重元素的来源。这一节我们来看恒星演化怎样产生第二批元素。

　　恒星放光放热的能量，是通过它们核心中的核融合作用来产生的，而氢融合是星体能量的来源。在核融合的连串作用中，首先由两个质子碰撞成为一个称为氘（deuterium）的中介原子核，它由一个质子和一个中子组成，所以又称为重氢。即是说在这过程中，其中一个质子变成一个中子，而这过程同时会释放一个正电子和一个中微子。

这连串作用的第二步，是一个氘离子与一个质子碰撞成为一个氦−3原子核，它拥有两个质子和一个中子。最后一步是两个氦−3原子核碰撞成为一个真正的氦原子核，但过程中同时释放两个质子。被释放的两个质子又可参加下一步的核融合作用，形成连锁反应。

综上所述，整个核融合的过程是四个氢原子核融合成一个氦原子核，过程中还释放两个正电子和两个中微子。一个氦原子核的质量与四个氢原子核的质量相比，会减少一点，但根据爱因斯坦的质能互变公式 $E = mc^2$，一点微小的质量乘以光速的平方后，就表示核融合可以产生非常巨大的能量。

恒星从诞生到终老，生命中大部分时间都处于融合氢原子核的燃烧状态中，燃烧的范围在恒星核心的位置，那里才有足够高的温度维持核反应，维持这状态的恒星称为主序星。例如太阳，估计寿命是10亿年，现在已活到5亿岁，在未来的5亿年中，氢融合会持续不断，而太阳的表面温度虽然只有6000 K，但核心的温度却高达1600万度，核心范围的半径只有太阳半径的1/5左右（见图7.9）。但氢原子核不断被消耗，到了恒星老年的时候，核融合的速度越来越慢，恒星的形态产生变化。

要了解恒星老年的形态，我们先看一个例子。图7.10中可见

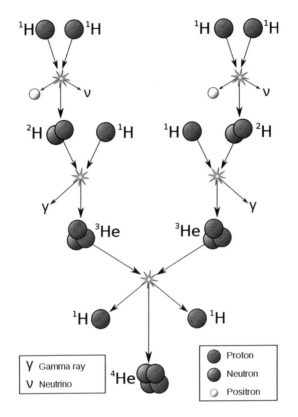

图 7.9 整个核融合的过程

的恒星的中文名字叫参宿四（Betelgeuse）。它位于一个很著名的星座——猎户座，在东亚地区的冬季很容易可以见到。这个星座最容易辨认的地方是它腰部有三颗星，叫福、禄、寿三星，代表猎人的腰带。星座上端和下端各有两颗较亮的星，分别代表猎人的双手和双脚。当猎人面向我们的时候，他右手的角落就是参宿

参宿四大小
地球绕日轨道大小
木星绕日轨道大小

参宿四与猎户座
Hubble Space Telescope · Faint Object Camera

图 7.10　参宿四

四。这颗星的颜色是红色的，它是一颗红巨星。

这红巨星的大小比地球轨迹的大小更大，假如把这红巨星放在太阳系的话，地球也会淹没在红巨星当中，那时我们真会被烤得灰飞烟灭了。我们如果向外走到木星的轨迹时，才仅仅离开红巨星，可见红巨星的大小非常惊人（见图 7.11）。

氢融合产生的氦，是核融合作用的灰烬。当恒星踏入老年时，氦灰烬在恒星核心堆积，氢融合的速度减慢。要注意的是，恒星生命在主序星的阶段，维持着一种流体静力平衡态。在这状态中，万有引力向内压，抵消核心气体的向外压力，但当氢融合的速度减慢后，气体的压力就不敌万有引力，核心受压收缩，令核心温度提高，出人意料的事情终于出现了。

这时恒星的核心是灰烬，但包着核心的外壳仍然有很多氢原子核，可以作为新鲜的燃料，当温度足够高的时候，氢融合就在

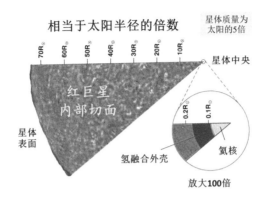

图 7.11　红巨星的横切面图，这个红巨星的质量相当于五个太阳

核心外壳开始了。这外壳燃烧的阶段产生很大的向外推力，使恒星的外层大大地向外扩张，而外层在扩张的过程降温，使颜色变红，形成红巨星。

但恒星核心因为压力加大的关系，本是灰烬的氦原子核被压后变得越来越热，到了更高温度的时候，终于可以产生自己的核融合作用。在这个核融合作用中，三个氦原子核会融合成为一个碳原子核，它所需要的温度会更高，大概是一亿度。这种核反应简称三氦过程（triple alpha process），因为氦原子核就是 alpha 粒子。

说到三氦过程的发现，也有一段故事。氦融合会先产生碳原子核的激发态，然后再衰变到碳原子核的稳定态。这激发态若不存在，三氦过程就不能按合理速度进行。1952 年，这激发态还没有被发现。可是著名的天文物理学家弗雷德·霍伊尔（Fred

Hoyle）考虑到今日宇宙间含有丰富的碳元素，估计该激发态必定存在。但他不是核子物理学家，于是他从英国的剑桥大学大老远跑到美国的加州理工学院去访问著名的核子物理学家威廉·福勒（William Fowler）。福勒起初对他的估计不很重视，就把老旧的仪器交给另一位年轻的物理学家去探究，果然几个月后就发现了估计中的激发态（见图 7.12）。

　　碳原子核产生后，有部分会变成氧原子核，成了今日宇宙中有机物质和生命物质的重要基础。根据物理推算，当日霍伊尔估计的碳激发态若不存在，或者激发态的能阶稍高一点，三氦过程的速度就会大大减慢，今日的宇宙就不能有以碳元素为基础的生物存在。其他核作用的配合也很重要，例如氧元素产生后可以衰变成氖元素，幸亏氖原子核没有适合的激发态让衰变快速进行，否则宇宙就多氖少氧，今日多姿多彩的生物世界就会大大改观，宇宙的奥妙就在于此。

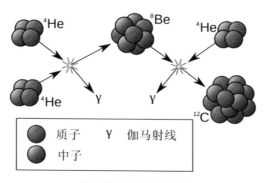

图 7.12　三氦过程概要

碳变成了核作用的灰烬，但它在足够高的温度下也可以产生自己的核融合作用，可以产生其他更重的元素，例如氖、钠、镁、氧等。而这些元素虽然是核作用的灰烬，但经过压缩后加热到更高温度，也会继续产生核作用。例如，氖的核作用可以产生氧和镁，而氧又可以产生硅、硫、磷，硅又可以产生镍、铁。这过程所需的温度会越来越高，氢融合作用大概 1000 万度就足够，再到了氦的核作用要有一亿度，直至越来越重的元素核作用会达到数十亿度才能产生。因此，虽然这个作用可以产生很多元素，但它的比例会越来越低，而且并非每一个星体都可以达到足够高的温度。

一般来说，质量比较轻的恒星，它的核心都未必可以达到很高温度，所以以上提到的各个核作用都要求恒星有一个起码的质量以让该作用进行。例如氢融合作用大概要有太阳质量的 10% 就可以产生，但如果一个恒星要产生最重的元素的话，就要达至 8 倍太阳质量才可以产生。而产生所需的时间随元素质量提高越来越短，以一个 25 倍太阳质量的恒星来说，它可以足够产生上述所有的核融合作用，假如把这个恒星打开来看，它的结构就像一个洋葱，一层一层地见到它们有铁元素的核心，外面包着硅、氧，然后是越来越轻的元素，到最外层是一层氢元素。这恒星从最初级的氢融合核作用需要 700 万年，到最后硅元素的核作用会快至一日就可以完全燃烧。

连串核作用到何时才会完结？从核子物理学的角度来说，最稳定的原子核是铁。所以一个恒星由氢开始产生融合作用，产生的原子核结构会变得越来越稳定，到了铁元素产生的时候，再高

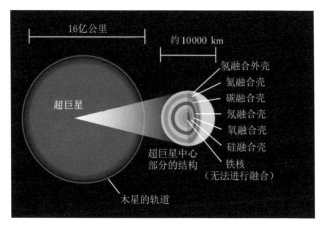

图 7.13　超巨星内的洋葱结构

的温度都再不会产生更重的元素，所以铁是星体演化最后产生的元素。但当这些核作用停止之后就没有热能再产生，结果恒星就会到达生命的尽头，以超新星爆炸结束（见图 7.13）。

超新星爆炸在元素产生中的角色

超新星爆炸在历史上有很多的记载，例如在我国宋史上，记载了 1054 年有一个客星出现，那颗星的光芒在日间仍能看见，而且持续了 23 天都可以看到，后来变暗了，只有在夜间才看到，在夜间能看到的日子也大概过了一年才渐渐变暗。所以在中国历史上把超新星称为客星，因为它就像一个客人一样到访。今天超新

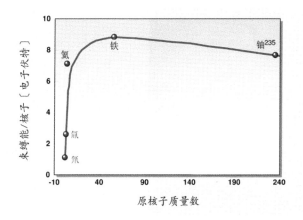

图 7.14　核子束缚能和原子质量数的关系

星之所以有这个名字是因为它是新出现的，而且当一个新星非常光亮的时候我们会把它称为超新星，但其实它是在一颗恒星死亡的时候产生的。其他国家和民族的历史上也有超新星的记载，例如 1006 年阿拉伯的历史记载、1572 年天文学先驱第谷的记载，1604 年开普勒也有记载超新星（见图 7.14）。

　　1054 年宋史记载的超新星，到了今天已经不能再看见了，但今天我们会在同一位置看到蟹状星云，这就是超新星爆炸所产生的遗骸。蟹状星云中间有一颗中子星，从恒星死亡到中子星的诞生，过程是怎样的呢（见图 7.15）？

　　上面说到恒星核心的核融合作用到了产生铁元素时，已经到达相当稳定的状态，核作用会停下来，气体压力再不能跟万有引力对抗，令核心向内压缩，温度更高，这时另外的物理现

图 7.15　蟹状星云

象产生了。

首先，在高温情况下，核心充满极高能的光子，这些光子和铁原子核碰撞，能量足以把铁原子核撞成碎片，例如 alpha 粒子和中子等，这种现象称为光致蜕变（photodisintegration）。把较稳定的铁原子核弄碎，需要吸收能量，所以从碰撞中飞出来的碎片的总能量会减少，形成冷却效应，加快万有引力向内压缩的过程。

其次，在高密度的情况下，电子可以与核子中的质子合成中子，这过程也是吸热的，所以同样会产生冷却效应，加速向内压缩的过程。

这些过程让中子在核心中堆积，当外面的物质不断向内塌缩，最终碰到这核心反弹，形成向外的冲击波，把外围的物质都轰出去，便是我们看到的超新星爆炸。

所以从宇宙形成元素的角度来说，超新星爆炸是很重要的，因为超新星爆炸时会将恒星核心在演化时产生的元素，例如碳、氧、铁等，经过爆炸后散发向太空，其后形成了地球以及地球上的生命。

超新星的另一作用，就是有可能在爆炸过程的极高温中，产生很多比铁更重的元素，例如金、银、铂等贵价金属。这样看来，超新星爆炸就仿佛把整个元素形成的过程圆满解释了：大爆炸产生氢和氦，恒星演化产生由碳到铁的元素，超新星爆炸产生其他比铁更重的元素。浪漫地说，原来我们的世界和我们的身体，都是由星尘组成的。但在乎您的观点与角度，我们也可以说自己是由核废料组成的。

但科学是不断进展的，超新星爆炸产生重金属元素的理论，最近受到挑战。

中子星碰撞产生重金属元素的新理论

要了解这新理论，让我们先把重金属形成的过程分为两类。第一类过程要在自由中子密度为每立方厘米内超过 100 万个的环境下才可以生成。从铁原子核出发，要产生一个更重的元素需要捕获同样带正电荷的质子，但因电荷排斥的关系，比较容易的途径是先捕获中子，然后在原子核里面让中子衰变成质子（过程中会释放电子和反中微子），这样就可以产生一个更重的元素。这种过程被称为慢中子捕获过程，或 $s-$ 过程。这过程多发生在 1~10 倍太阳质量的恒星的最后几个演化阶段，大概有一半比铁更重的元素是经过这个过程产生的，但它不能解释其他更重原子核的来源。

第二类过程却要更高的自由中子密度才能产生，它要求的密度达到每立方厘米内超过 10^{20} 个。它可以让原子核在捕获的中子还没有衰变成为质子之前，连续吸收多个中子。这过程解释了另一种比铁更重的元素来自快中子捕获过程，或 $r-$ 过程。这种生成过程应在超新星爆炸和在中子星融合过程中发生。

2016 年，有证据显示产生重金属元素的主要机制，并非超新星爆炸。证据来自一个银河系的黯淡小卫星星系，名为网罟座 -2。这星系内恒星的化学成分，充分支持中子星融合才是宇宙产生金、铂等元素的机制。2017 年 10 月，激光干涉引力波天文台 (LIGO) 和室女座干涉仪（Virgo interferometer）观测到一对中子星融合时产生的引力波，加上随后数星期的电磁波观测，为中子星融合作为重金属产生机制提供了证据。

理论显示，宇宙大爆炸数亿年后，中子星占着非常重要的地位，那时它们常以双星形式诞生。要探索早期宇宙恒星的成分，我们可以考虑较远离银河系平面的球状空间，那空间称为银晕（galactic halo）。银晕里的星际尘较稀疏，并非星体演化的活跃区域，那里的星体都是"老爷爷"。

大概在 20 年前，科学家观测了一颗名为 CS 22892-052 的恒星，首次发现 $r-$ 过程在银晕范围中的恒星可以如此重要，令人惊讶。从它的谱线可以得知它已经存在了超过 120 亿年。虽然这颗恒星的铁元素比例只有太阳的千分之一，但竟可探测到它含有放射性钍。这反映了宇宙早期虽然只有较简单的化学元素，但 $r-$ 过程在那时已经可以进行。其后有类似性质的恒星陆续被发现。

近年兴起了对极暗矮星系（Ultrafaint dwarf galaxies，UFD）的研究。原来银河系会吸引邻近的小星系，令小星系绕着银河系运行，成为后者的卫星星系。这些小星系里的星体与小星系同时诞生，在宇宙早期已经存在，不像银河系里的恒星不断演化。近年以数码技术对天空成像，并以复杂的算法分析各恒星与太阳的距离，至今日已发现了约 60 个 UFD。

网罟座 –2 星系是其中一个 UFD。2015 年，研究团队发现该 UFD 9 个最亮的恒星，在当中有 7 个竟含有元素周期表上最重的元素，令人惊讶不已。相对的，以往只在很少的银河系恒星中有相似成分。由此可以知道网罟座 –2 这小星系在仍然年轻的时候，$r-$ 过程已广泛存在，可以说网罟座 –2 是一个 $r-$ 过程星系。加上我们对恒星形成环境的知识，我们可以总结出，中子星融合很可能是网罟座 –2 这个星系 $r-$ 过程的机制。

对网罟座 –2 这个星系而言，现时可以探测到的 $r-$ 过程元素需要数以百计甚至千计的超新星爆炸才能完全制造，但在小星系中不可能有那么多次的超新星爆炸发生。计算显示，一次中子星融合制造的 $r-$ 过程重元素跟网罟座 –2 星系中的元素比例吻合。而且，在网罟座 –2 这类星系的第一代恒星爆炸，把能量注入系统里，整个星系便需要一亿年来冷却以供下一代恒星形成，时间上恰好足够一个中子星双星系统从轨道到融合成一起。

从以上种种分析，新的理论指出以 $r-$ 过程产生比铁更重的元素，中子星融合是主要机制，网罟座 –2 星系的例子支持了这个理论。传统的理论以超新星爆炸为主要机制，已受到严重挑战。当然要得到更确切的结论，就需要更多的科研工作，包括以粒子加速器收集 $r-$ 过程的数据，以及更多的天文学观测。

第八章

我们在宇宙中的家园
——地球

陈炯林

太阳系中只有地球适宜人类居住，是什么条件使地球有别于系内的其他行星？认识地球是一项综合应用与基础研究的庞大工作，我们在此为大家提供一个扼要的介绍。

地球的起源

地球是一个非常复杂的系统，地球起源问题处于天文学、行星科学、地质学、地球物理学、地球化学等的交叉点，牵涉甚广，而目前知道具有地球条件而可做详细观测的行星只有地球一颗，所以这问题研究起来不像前几章所讨论的科学问题那么具有可实验性和可重复性，幸于近年对太阳系外行星的研究大大增加了已知行星的数目（截至 2019 年 1 月是 3976 颗），增进了我们对行星、类地行星（Earth-like planets）形成环境的认识。

太阳系的形成

"人类是星星之子！"这说法并不是艺术上的夸张，而的确有科学上的根据。人体内的碳、氧、钙、铁等元素，都是恒星演化的中后期产品。可以说，没有恒星的生长、死亡，就没有人或其他生物的存在。我们身体内的这些元素，以前都在恒星星体的内部逗留了相当长的一段时期。不仅如此，自从它们被产生以来，被恒星风，超新星（supernova）爆炸，行星状星云（planetary nabula）演化等过程散发至星际空间（interstellar space），在一亿年的时间尺度（timescale）之后，经过重力的凝聚，又重新进入了星体，重新参与和影响了新一代恒星的演化。由于银河系与宇宙的年龄很长（约 136 亿年和 137 亿年），这些元素有可能已经历了几代的星体。基于对已发现最古老陨石放射性元素的年代测定，最近一代的星际分子云约在 46 亿年前凝聚了我们现在的太阳系。

图 8.1　金牛 T 型星 HL Tau 与原行星盘

　　天文学家认为，太阳系最初是由一个类似于金牛 T 型星（T-Tauri star）的结构形成的。图中央的金牛 T 型星是经过约十万年的引力塌陷时间形成的新发热星体。它被一个盘状结构环绕着，盘中的气体与尘粒物质处于一个重力与向心加速接近平衡的状态中，称为"原行星盘"（protoplanetary disk）。

　　根据天文观察，星际空间的气体（主要是氢和氦）与尘埃（包含着凝固的重元素）凝聚而形成了巨大分子星云（molecular cloud）。星云中的某些局部高密度区可以在约 10 万年的引力塌陷时间形成新的发热星体（称为"金牛 T 型星"），它被一个由气体与尘粒物质组成的盘状结构环绕着，称为"原行星盘"（protoplanetary disk）。原行星盘初期以气体为主，可存在约 2000 万年。随着辐射的增强和恒星风的产生，盘中气体会被吹散，剩下的尘土物质可以存在较长的时间，称为"碎片盘"（debris disk），有些可以存在数十亿年（见图 8.1）。

　　形成太阳系的高密度星云区估计原有 3 光年大小，所形成的原行星盘直径达 200 天文单位（Astronomical Unit, AU），太阳系由此产生（注：1 AU = 现今太阳至地球的平均距离，约 1.5 亿公里）。太阳经过了长约 5000 万年的金牛 T 型星阶段，中心的温度才足以引发氢核子的聚变，进入了缓慢的主序演化（main sequence evolution），太阳至今仍然处于这个阶段。

　　行星在原行星盘中诞生的过程，比太阳复杂得多；理论假设不少，但在观测上的信息与证据，至今仍是很零散。尤其是有关巨行星（又称外行星，即火星以外的行星，依次为木星、土星、天王星、海王星）的形成机制，更是行星科学中的未解疑案。目前很多探测太阳系外围的航天计划，都把这问题列为主要研究目标。

　　依现在的理解，单纯的引力塌陷（gravitational collapse）不足以在原行星盘存在的时间内造成行星。原行星盘中的微小尘埃需要先经黏附结合，形成最大直径约 200 公尺的团块；这些团块再经过相互碰撞而增长至约 10 公里大的星子（planetesimal）；星子有足够的质量以引力相互作用，经碰撞而其大小继续增长，每年有数公分，在数百万年的累积下而形成行星的胚胎；胚胎间又经历多次的碰撞与合并。这几步不一样的过程对行星的形成至关重要，但目前对各机理详情的认识和证明数据仍相当缺乏。

　　在距离太阳 4 天文单位的范围内，由于受热较多，挥发性分子（如水、甲烷）难以凝结，故此星子只可以由熔点较高的原料如铁、镍、石化硅酸盐（citrate）等形成，这些星子便是内行星（又称"类地行星"）的组成材料，这些内行星与太阳距离递增的次序是水星、金星、地球、火星。在约 5 天文单位以外的范围

（火星与木星之间），挥发性分子可以凝固。这分界线称为冰线
（ice line）。冰线以外的难熔材料星子可以在数百万年以内累积
达几个地球质量，形成一个行星核，以引力吸收旁边的气体。随
着质量的增加，吸力变得更强而又加快了增长速度，最高可达木
星的质量（约318个地球质量，是太阳系中最大行星）。但是，
气体盘会因为太阳紫外线（ultraviolet radiation）照射的增强而蒸
发，存在时间相当有限（不多于几百万年），巨行星的气体积聚
过程受此限制。在木星外的土星由于行星核形成较迟而使其气体
积聚与总质量减少。至于更外的天王星和海王星，积聚时间更短，
其形成的过程至今仍不大清楚（见图8.2）。

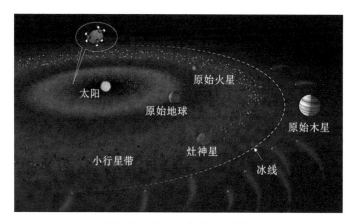

图8.2 太阳系原行星盘与冰线

太阳系的行星诞生于其原行星盘中。在距离太阳4天文单位的范围内，
是原始的类地行星（如原始的地球和火星）诞生的地方。在约5天文单位以
外的地方（火星与木星之间），挥发性分子可以凝固，这分界线称为冰线（ice
line）。在冰线以外的原行星盘，凝聚成一些质量巨大的行星，包括木星和土星。
它们是由一些行星核吸收了大量的周边气体组成的。

地球的形成

地球的质量约是太阳的百万分之三，内行星中是最高的；半径 6378 公里，平均密度是 5.52 吨 / 立方米，是太阳系中密度最高的。地球表面平均温度为 15 摄氏度，是太阳系中水能以液态大量存在的、适宜人类居住的唯一行星。

如前所述，地球由熔点较高的原料组成，最多的元素是铁（约占总质量 32%，是地核主要材料），其次是氧（约占 30%，主要以氧化物的形式存在），跟着是硅（Si，15%，是岩石的主要材料）、镁（Mg，14%）、硫（S，2.9%）、镍（Ni，1.8%）、钙（Ca，1.5%）、铝（Al，1.4%），其他（如氢 H、氦 He、氮 N）都算是微量元素。

地球形成需时约 0.3 亿 ~1 亿年，较外行星长。地球形成之初，仍然受到大量星子甚至行星胚胎的撞击，释放出大量的热能，故此会处于一种混合的熔融状态（molten state），这被称为岩浆洋假说（magma ocean hypothesis），这一假说的重要性在于解释了地球内部的分层结构。岩浆洋造就了密度分化的过程。亲石（lithophile，如硅、钙、镁、铝）、亲硫（chalcophile，如硫、银、汞、铅）、亲铁元素（siderophile，如铁、镍、钴、金）的矿物在熔融状态并不混溶（immiscible），最轻的亲石元素矿物上升、冷却、凝固，浮在岩浆洋上，累积而成原始斜长岩地壳；重的亲铁元素下沉，形成了以铁为主的地核。剩下的岩石 [如橄榄石（olivine）和辉石（pyroxene）] 留在两者之间而形成了地幔（mantle）。

由于地球形成在冰线以内，而且经过高温的岩浆洋状态，因此起初几乎没有挥发性物质，尤其是氢和水。那么地球上现有的水（水分子由两个氢原子一个氧原子构成）从何而来？这是一个很重要的问题。由于大量的水冰储存在冰线外形成的彗星与小天体中，它们自然被看成是把水传至地球的最可能媒介。其中彗星源于柯伊伯带（Kuiper Belt，距离太阳 30~55 天文单位）与散盘（scattered disk，距离太阳 30 至数百天文单位），或奥尔特云（Oort Cloud，分布在距离太阳 2000~200000 天文单位的冰质星子）。彗星的质量密度在 1 克 / 立方厘米以下，显然含有大量的水冰，因此成了学者们原先最热门的选择。但是"热门"不一定经得起科学考验，目前根据对氢同位素［氘 / 氢］比例（deuterium/hydrogen ratio）的分析，多数彗星水成分的氢同位素比例与地球上的水中氢同位素的比例不相符（可高出两倍）。反之，从小行星（asteroid）陨石（meteorite）中含水成分小球测出的［氘 / 氢］比例却与地球的相当接近，所以目前流行的说法变成了小行星。不过更充分的证据还在搜集当中（有赖于小行星采样返回航天计划）。

根据大碰撞假说（Giant-impact hypothesis），约 45 亿年前，地球受到一颗如火星大小（约地球质量 1/10）而成分差不多的天体撞击，射溅物散在附近的空间，形成了一个旋转的盘，然后凝聚成地球唯一的天然卫星——月球。阿波罗计划从月球取回了岩石样品，分析发现其中的［氘 / 氢］比例与地球的相同，成为大碰撞假说的一个重要证据，同时也显示地月系统的水在撞击前已送抵地球。

地球的构造

地球受到大量星子、陨石的撞击，主要集中在刚形成的时候。当时的撞击量是现在的 100 万倍以上。在最初 6 亿~8 亿年的一段时间中，地壳经常破裂，火山活动非常剧烈。在距今 38 亿年的时候撞击量下降至现今的 30 倍左右，地壳才逐步得以稳定。地震波速度在地壳与地幔边界处显示出不连续性，现时地壳厚度 5~70 公里，薄的区域是海洋地壳，在海洋盆地（5~10 公里）之下，由较重的镁铁质岩石［如玄武岩（basalt）］组成，厚的地区是大陆地壳，由较轻的长英质岩石（felsic）［如花岗岩（granite）］组成，所以能够在地幔上浮起较高。地幔深度达 2890 公里（约地球半径 45%），上部又以其机械性能分为两子层，上子层坚硬，与地壳合称为岩石圈（lithosphere），深度约 80~200 公里，下子层岩石温度已接近熔点，可以进行塑性变形，称为软流圈（asthenosphere），深度约达 700 公里，其中地幔的晶体结构产生了过渡性的变化。地幔虽是固体，但在高温高压下也有流动的性质。在地幔之下是铁质的地核，半径约占地球的 55%，上层（外地核，深度 2890~5100 公里）是黏度（viscosity）很低的导电流体，是产生地球磁场的发电机（dynamo）所在，其下的内地核（深度 5100~6378 公里）则是固体，其转速可能比地球的其他部分略快（每年大于 0.1°~0.5°）（见图 8.3）。

地球表面

地球表面 71% 被海洋覆盖。若地球是一个平滑的圆球，海

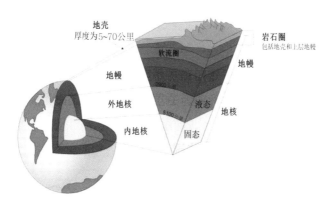

图 8.3　地球内部结构

地球的结构由外而内分为三层：地壳、地幔和地核。其中最薄的是地壳（5~70 公里）。地壳与地幔最上层坚硬的部分合称为"岩石圈"。岩石圈下面是温度已接近熔点，可以进行塑性变形的"软流圈"。地幔虽是固体，但在高温高压下也有流动的性质。在地幔之下是铁质的地核，上层外地核是黏度很低的导电流体，其下的内地核则是固体。

洋厚度会有 2.7~2.8 公里，占地球总质量的 1/4400。海底的最深点在太平洋的马里亚纳海沟（Mariana Trench，菲律宾海东侧，距关岛约 200 公里），深达 10911 公尺。海面之下有大陆架、山脉、火山、海沟、海底峡谷、海洋高原、深海平原、全球性的大洋中脊系统等。陆上地形有山脉、高原、平原、河谷、陨石坑、多变的沙漠等地貌。陆上最低点在死海（Dead Sea），在水平面下 −430.5 米；最高点是珠穆朗玛峰（Mount Everest），在水平面上 8848.86 米。陆地平均高出水面 797 米。造山运动、侵蚀、火山爆发、洪水、风化、冰川、珊瑚礁、陨石撞击等在地质时间尺度中不断重整地球的表面。

大陆漂移

人类的活动主要在地壳上，而包括地壳的坚硬岩石圈分裂成多片构造板块（tectonic plates）。主要板块有 6 片，即太平洋板块、美洲板块、欧亚板块、非洲板块、南极板块、印度澳洲板块。此外较显著的有阿拉伯板块、加勒比板块、纳斯卡板块（在南美西边）和斯科舍板块（在大西洋南）等。

板块漂浮在地幔软流圈之上，相互间的边界可产生以下几种情况：（1）两板相互对撞，形成会聚（convergent）边界；（2）两板扯开，形成散开（divergent）边界；（3）两板平行滑动，形成变换（transform）边界。在这些边界的附近，于是产生了地震、火山、造山、海沟形成等地质活动。板块移动速度每年在 2.0~7.5 厘米，通常海洋板块的移动较快。海洋板块与陆地板块对撞时在会聚边界处往下沉降（subduction）而形成海沟，被地幔回收；陆地板块则会被上抬而形成火山群。在海洋中上涌的地幔物质会产生散开边界，形成大洋中脊（见图 8.4）。海洋板块会在较短（约一亿年）的时间中经历循环，而最古老的陆地板块可存在 40 亿年之久。板块移动与循环再造是地幔对流的表现，而其动力是从地球内部传出来的热量。地热分布极不均匀，最大值分布在大洋中脊，地球表面的平均热流在海洋与陆地分别是每平方米 105.4 毫瓦和 70.9 毫瓦（milliwatt）。地热约一半源于放射性同位素，另一半来自地球形成时剩下的余热。在 3.3 亿年前，地球上的陆地是合成一大块的盘古大陆（Pangaea），至 1.7 亿年前

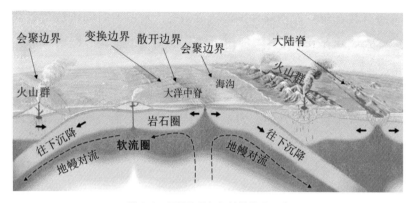

图 8.4　板块边界与相关的地质活动

经板块漂移作用才裂开，慢慢演变成现在的分布状况。

地球水圈

　　地球上的生命极度依靠水在几个储存库间的循环，这些储水库统称水圈。水在某一储水库的逗留时间可以用其储水量除以排水流量估计。地球上最大的储水库是地幔，其次是海洋。地幔存水量是海洋的几倍，水在地幔中的逗留时间比地球年龄还要长，而在海洋中的逗留时间却只有 3000 年（主要经过蒸发）。海水是咸水，含盐量平均是每公斤 35 克（3.5%），盐主要是由火山活动所释放或提取自冷却的火成岩。地球上淡水只有咸水量的 1/40，其中的 78.83% 以冰的形式储在冰河与冰盖之中，水逗留时间尺度分别是数百年（前者）和十万年，20.32% 是地下水，水逗留时间至数百年，而河流、湖泊有 0.81%，水逗留时间由数天至数年，大气亦存 0.04%，水逗留时间是数天（以下雨、降雪等形式排出）。

海洋是地球表面最大的储水库，与陆地、大气相互密切影响，又储存着大量可溶气体，为不少海洋生物所必需。海水的密度随其含盐量增大而增加，地球上海水密度的混合主要靠风搅拌，连接海面的混合层受冰水、河水、雨水等冲淡（同时亦因蒸发而增加），密度比深层的要低零点几个百分点，混合层与深层间有较大的密度和温度梯度（gradient），称为跃层（pycnocline），深度由几十至几百米，上轻下重的密度差别使海水难以越过跃层。海洋表面的水流受风的驱动和地球转动产生科里奥利力（Coriolis force）的影响，在大洋尺度，北半球形成顺时针方向表面环流（surface circulation），在南半球则是逆时针方向，对流域附近的气候有很大的影响。例如始自菲律宾的黑潮（Kuroshio），穿过我国台湾东部海域，沿着日本往东北方向流，流速达每秒 1~2 米，宽度达 200 多公里。由于黑潮的流速相当的快，可提供洄游性鱼类一条往北迁移的便捷路径，故黑潮流域中可捕捉到为数可观的洄游性鱼类，和其他受这些鱼类吸引过来觅食的大型鱼类。黑潮在日本的东边开始转往美洲方向移动，成为北太平洋洋流，北太平洋洋流碰到了美国和加拿大的陆块后，往南一支形成加利福尼亚寒流（California Current），接北赤道洋流而重返菲律宾，完成北太平洋亚热带环流（North Pacific Subtropical Gyre）。北大西洋环流（North Atlantic Gyre）的西支是影响北美洲东岸的海湾暖流（Gulf Stream），导致大气和海洋中强大旋涡的产生，其伸延到北大西洋漂流（North Atlantic Drift），使西北欧洲变得较为温暖。

海面洋流深度只有数百米，流动的水量也不过海水总量的1/10，牵动深层海水的是温盐环流（thermohaline circulation）。深海洋流主要由南北极结冰区的低温和盐分排斥（brine rejection）所驱动，冰块边缘的海水盐量剧增而快速下沉至海底。上轻下重的密度差别令深层的海水难以与上层混合，使深海洋流长距离保持其盐分与化学特性，在广阔的海水蒸发区缓慢上升，沿海面混合层回流，形成全球性的循环输送带，完成一圈需时数百年。温盐环流有传热至极区的作用，对数百年时间尺度的地球气候有重要影响。

海洋最有规律的运动是潮汐（tide），主要源于月球引力，每天有两次涨潮和退潮，向着月球时的涨幅略大。太阳的引力也会影响涨幅，当太阳、月球、地球差不多形成一线时，便会出现天文大潮（astronomical tide），由于有相位滞后，通常望或朔后1~2天才出现。

从东南亚至南美的秘鲁、厄瓜多尔的太平洋赤道区，有一个非常有名的海洋现象："厄尔尼诺－南方振荡"（El Nino Southern Oscillation，ENSO），对沿海的气候与渔农业影响甚大。其主要表现是沿着赤道的中至东面太平洋有一片高温海水循环出现，为时几个月，会使印尼、澳洲变得干旱，秘鲁、厄瓜多尔则会变热和非常多雨，热带气旋活动在太平洋东增加而在太平洋西改变了产生区域，远至大西洋赤道北和南极洲的温度亦会增加，秘鲁沿海的渔获减少。厄尔尼诺的相反阶段（低温异常）称为"拉妮娜"（La Nina）。厄尔尼诺虽是重复出现，但没有固定周期，相隔时间为 2~7 年，平均 4 年。

地球大气

以体积计，地球大气含氮分子（N_2）78.08%，氧分子（O_2）20.95%，氩气（Ar）0.93%，其余都是微量，其中最多的是二氧化碳（CO_2），也只有 0.04%。不包括在以上成分中的水汽在大气中存量的变化很大，可以是 0.001%~5%。但是一些微量气体和水汽对大气动力与环境有极大的影响。

地球海面的平均气压是 101.325 kPa。大气密度随高度增加而下降，约每 5.9 公里会掉一半，所以在 11 公里的高度（通常飞机的巡航高度），空气密度已跌至海面的 27% 左右。

大气依其平均温度垂直梯度（即温度随高度变化的比率，vertical gradient）改变而分为几层，最底层称为"对流层"（troposphere），温度随高度增加而急速下降，每公里约 6.5℃，下热上冷使气体接近不稳定的状态（有如水煲中底下受热的水）；空气的运动除了较平稳的风之外，还会产生急速变动的湍流，是地球天气活跃的主场（包括季候风、台风、雨、雪、云、雾等）。有些地方（尤其热带地区）会产生强烈对流（convection），表现为雷暴（thunder storm）。对流层的底部受地表特性如地形、植被、建筑物、昼夜温度变化等影响，特别容易产生湍流，称为"行星边界层"（planetary boundary layer），厚度在数百米至 2 公里。对流层的上界称为"对流顶层"（tropopause），在此平均温度垂直梯度接近零，在热带的平均高度是 17 公里，在极区则只有 9 公里，全球平均是 13 公里。对流层包含了大气总质量的 75%；水汽（water vapor）、气溶胶（aerosol）总量的 99%。

　　地球的天气变化是太阳照射以及地面影响的结果。全球尺度的空气流动称为"大气环流"，加上了海洋的环流，是均匀化太阳所提供能量的主要机制。热能从赤道传至极区，减低两者间的温差（在地球上的极端温差在 160℃以内；在没有大气和海洋的

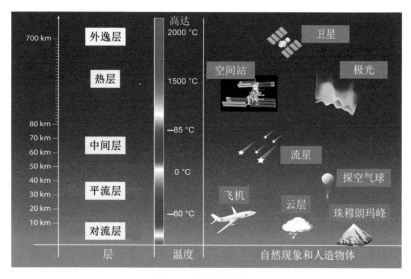

图 8.5　地球大气分层

　　地球大气层的温度随其高度变化很大。大气依其平均温度垂直梯度的改变而可分为几层，包括："对流层"、"平流层"、"中间层"、"热层"和"外逸层"。

月球，极端温差可达260℃）。

对流层中的大尺度空气运动以纬向风（zonal wind，沿纬度线由西往东吹）最为明显。而经向（meridional，南北方向）与垂直向（vertical）的平均流动在南北半球各形成三圈环流：即在热带上升、中纬度下降的"哈德利环流"（Hadley cell），高纬度上升中纬度下降的"费雷尔环流"（Ferrel cell）和在两极下降、高纬度上升的"极区环流"（Polar cell）。这些环流的范围和边界随着季节而循环迁移，加上海陆热力差异的影响而形成了在东亚地区特别强盛的季候风系统。季候风风向的季节性改变影响着水汽的传输，云雨、涝旱等天气现象也随着变化，因此对农业生产有极大影响。

对流层以上的温度随高度上升，直至约50公里的高度，平均值从对流顶层的 –56℃升至 –3℃，上热下冷，形成非常稳定的逆温层（temperature reversal layer），空气运动主要限于水平方向，称为"平流层"（stratosphere）。平流层的水平风速可以很大，如南极旋涡（south polar vortex）的风速可以维持每小时220公里。只有特别强烈的动能现象如火山喷发柱和超级雷暴顶层过冲（overshooting）能够局部和短时间内使空气从对流层穿入平流层。进入平流层的空气要经过温度极低的对流层顶，上升气流会被冷冻而除去水分，因此平流层非常干燥。平流层是太阳辐射、化学、动力等过程强烈相互作用的地方，气体成分的混合在水平方向远快于垂直方向，整体运动是由赤道区上升至极区下降的缓慢单圈环流（每半球），起着传输臭氧的作用。

平流层的升温来自臭氧（O_3）对太阳紫外线的吸收。首先，氧分子（O_2）吸收了 UV-C 光（波长短于 280 纳米的紫外线）而均裂（homolysis），产生的自由基与氧分子合成了臭氧（O_3）。跟着是一个光能变热能的循环转换过程，O_3 的光解比氧分子更快（由于它只需能量较低的紫外线，光子较多）。O_3 光分裂（photolysis）成氧原子（O）与氧分子（O_2），O 又与大气中的 O_2 再合成 O_3，从而释放出热能，使平流层受热。臭氧的分布相当不均匀，一般是近赤道较少而高纬度较多（除了南极上的臭氧洞），90% 以上的 O_3 在对流层顶之上，集中在 20~30 公里高度区，最高平均浓度区在 23 公里。

最令人瞩目的臭氧变化是南极区每年 8~11 月出现的臭氧洞（ozone hole），从 20 世纪 80 年代至 90 年代中期，臭氧洞面积急速上升，其中臭氧的柱密度（column density）下跌两倍多。臭氧耗竭是由制冷剂、溶剂、推进剂和泡沫塑料（氯氟烃 CFC、HCFC 等）所引起，这些人工化学品是把臭氧分解为氧分子（O_2）的催化剂。臭氧是阻挡太阳紫外线 UV-B（波长 280~315 纳米）与 UV-C（波长 100~280 纳米）传到地面的主要屏障，这些高频辐射可以导致晒斑、白内障、皮肤癌，甚至伤害动植物。臭氧洞引起了全世界的关注，1987 年的《蒙特利尔国际议定书》（*Montreal Protocol*）把氯氟烃（CFCs）、氢氯氟烃（HCFCs）列为禁制品，2018 年又把氢氟碳化合物（HFCs）加入了禁制列。自 1989 年禁制实施以来，臭氧水平在 20 世纪 90 年代中期趋于稳定，但要回复到 1980 年前的水平估计需要等到 2075 年以后。

平流层顶以上是中间层（mesosphere）。由于二氧化碳的辐射冷却（radiative cooling）加强，平流层顶以上温度又再下跌，直至在 80~90 公里高的中间层顶（mesopause），温度最低可至 −140℃，是地球大气层中最冷的地方。由微小水冰形成的夜光云在 76~85 公里出现，其出现频率在近年渐有增加，有学者认为可能与气候变化有关。中间层的主要动力特征包括强劲的纬向风，最为明显的是大气潮汐（atmospheric tide），由太阳加热大气所引起，月球引力造成的效应相对甚小，此外还有重力波（gravity wave）、行星波（planetary wave）等的效应。波动主要在对流层激发，上传至低密度的中间层而致波幅增大。上传的重力波振幅可以达到不稳定程度而耗散，把动量注入周围的空气，在中间层驱动全球尺度的环流。

平流层和中间层合称"中层大气"，其顶部接近湍流层顶（turbopause，高度约 100 公里）。在湍流层顶之下，湍流混合足以把气态中有较长停留时间的成分均匀混合，使混合比例不随高度而变化，故称"均匀大气"。湍流层顶以上称为"非均匀层"，在此气体的混合依靠分子扩散而很慢，大气中的气体成分随高度而变化。中间层顶也是热层（thermosphere）的开始，由于对太阳高能辐射的吸收，温度随高度增加快速上升，至 200~300 公里而趋于均匀，温度随太阳的照射情况和活动大幅变动；日夜温差约 200℃，太阳活期与静止期温差约 500℃，温度范围在 500~2000℃。

热层高度达 500~1000 公里，此处虽算是地球大气的一部分，但空气密度已极低。通常在 100 公里以上已被看成进入了太空，在 160 公里以上，气体的密度太低、相互作用太少，连声音也传不了。国际空间站的飞行高度是 330~450 公里，其实也在热层中间。热层的温度虽然甚高，但在此处的观察者或物体会感觉冷，因为此处的气体粒子已经太少，不足以传热。在这里的普通温度计的读数在不受阳光照射下会远低于 0℃，因为辐射散失的热会比分子传入的热多。

　　热层顶（thermopause）以上是外逸层，此处的分子虽仍受地心引力所束缚，但其低密度导致相互间难以碰撞而算不上是连续的流体，与行星际空间（interplanetary space）相接，没有清楚的边界。

电离层与大气电路

　　地球大气还包含带电粒子［离子（ions）和自由电子（free electrons），合称"等离子体"（plasma）］的部分，称为"电离层"（ionosphere）。电离层的高度在 60~1000 公里，范围涵盖

图 8.6　雷暴闪电、蓝色喷流和红精灵

　　发生在对流层的雷暴闪电是雷暴云层与地面的通电现象。发生在中层大气的蓝色喷流（blue jet）和红精灵（sprite）是雷暴云层与电离层通电的现象。

了中层大气的上层、热层和外逸层，上接磁层（magnetosphere）和行星际空间。电离层的离子由太阳高能辐射产生，带电粒子对无线电波（radio wave）的远程传送有重要的影响。电离层包含 D、E、F 三层。D 层高度为 60~90 公里，主要由氢原子莱曼系列 α 线（Lyman-alpha, 121.6 nm）使 NO 离子化产生，中频（MF）与高频（HF）无线电波在此传播会有所衰减。此处离子复合为中性分子的速度相当快，D 层在晚间几乎消失。E 层高度为 90~150 公里，主要由软 X 射线（soft X-ray，波长 1~10 nm）和远紫外辐射（far UV, 122~200 nm）使 O_2 离子化产生，在晚间也会变弱。F 层高度为 150~500 公里，主要由极紫外辐射（extreme ultraviolet radiation, 10~121 nm）使 O 原子离子化产生，此处电子

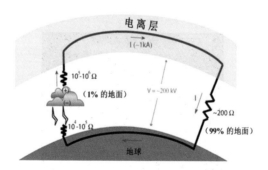

图 8.7 全球大气电路

　　地球大气层里有一部分充满着带电的粒子，称为"电离层"（ionosphere）。电离层的高度在 60~1000 公里。电离层形成了全球大气电路（global atmospheric electric circuit）里的重要一环。通过雷暴闪电、蓝色喷流和红精灵等现象，电离层会把其带负电的电流下传到地面（等于把带正向的电流从地面上传到电离层）。电流可以在电离层内流通，然后以晴天电流形式下传到地面，再通过地球本身的传导而形成一圈电路。

密度最高，日夜都存在，能够反射高频电波，是无线电短波长程传播的基础。频率在 30 兆赫（MHz）以上的甚高频电波（VHF）则可以穿越电离层而进入太空。

电离层亦是全球大气电路（global atmospheric electric circuit）的主要一环。雷暴闪电（雷暴云层与地面通电）、蓝色喷流（blue jet）和红精灵（sprite，雷暴云层与电离层通电）把电流上传，通过电离层，以晴天电流形式下传，再通过地球本身而形成一圈电路（约 1000 安培）。其中雷暴提供了所需的电力来源（电动势，electromotive force），雷暴云层在 –20~10℃ 中的软雹（grauppel）、雪珠和冰雹因下坠时与细小的冰粒摩擦而带上负电，不同高度的云层间于是产生了电位差（electric potential difference）。中下层的雷暴云带负电，与地面的电压达 1 亿伏特（Volt），足以克服空气的高电阻，电子经闪电由云层传至地面，云层中带着正电的小冰粒因为较轻而可以随着气流上升，两者都形成向上的电流。

地球的磁场与磁层

在太阳系内，地球是唯一已知能支持生命繁衍的行星。这种支持生命的条件不只是因为地球有液体的水和一个较厚的大气层，还因为它有一个磁场可以阻挡太阳的辐射。地球的磁场主要由内部地核产生。具有流体性的铁质导电外地核因内热而产生对流，地球的转动使对流的动能转化成电磁能，由此支撑了地球磁场所需的能量，同时又造成了地磁随时间的变动。地球磁场有如一般磁石，分南北两极，不过磁极虽靠近地理上的两极，但与它们并不重合（夹角约11°），而且极向相反（地球的南磁极在北半球，磁针的北极才被吸向北方）。磁场透过地幔，到达地表，在赤道附近的磁场强度在0.25~0.65高斯（Gs）。由于地核的对流运动并不规则，磁极会漂移，甚至反转。磁极反转在地球历史中曾多次发生，但无固定频率，最近一次约在78万年前。目前发现地磁南极正从加拿大北部急速向西伯利亚方向移动（每年达40公里），导致地磁图表需要经常更新。

地磁向空间伸延，与带电粒子形成了地球的磁层（magnetosphere），在距离地球几倍半径的空间与太阳风接触。太阳风是从日冕发出的高速带电粒子，主要是电子、质子（氢原子核）和α粒子（氦原子核）。在地球附近太阳风的粒子密度一般是每毫升3~6，速度每秒200~400公里；但在太阳活动猛烈时（如太阳耀斑爆发），粒子密度可以跃升至每毫升20以上，而速度可达每秒1000公里，引起地磁暴（geomagnetic storm）。

即使在一般情况下，磁层受太阳风的影响，其外围的磁场也会产生变形（见图8.8）。地球磁层与太阳风压力相抵的边界称为"磁层顶"（magnetopause），其外形有些像彗星。在向太阳一方，受太阳风压迫，磁层顶约在地球半径10倍的距离，呈半球形。其外是弓波（bow shock），在此太阳风因受阻而速度产生突降。弓波与磁层顶之间称"磁鞘"（magnetosheath），是湍流和大幅波动的区域，太阳风的高速粒子在此进行了热化（thermalization），温度和密度都比太阳风高。背太阳方的磁

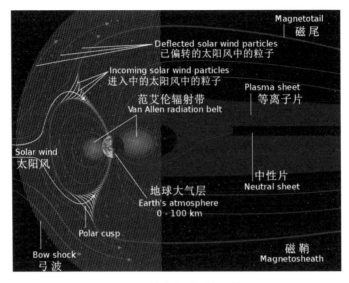

图 8.8　地球磁层与空间环境

　　地球受到了其磁场的保护。地磁向空间伸延，与带电粒子形成了地球的磁层（magnetosphere）。这个地球的磁场大大地改变了太阳风对地球的影响。大部分太阳风中的粒子会被磁层偏转，余下的粒子虽会继续向地球大气层运动，但等离子层会阻止高能量的电子进入低层空间。

　　层受太阳风的拖拉而延长达200倍地球半径以上，称为"磁尾"（magnetotail），在此由异常太阳风激发磁重联（magnetic reconnection）所引起的磁尾亚暴（magnetotail substorm）是出现极光（aurora）的主要原因。

　　磁层的内部，电离层之上至3~4倍地球半径（近赤道区），包含着一个圆环形，高密度而低温（相对于磁层以内）的等离子层（plasmasphere）。受偶极磁场的操控，其里层随地球转动。等离子层中的极低频电磁波阻止了高能量电子进入低轨道空间和地面，对保护人造卫星、太空站、地球生物起了重大作用。磁层中有两个似车胎形的范艾伦辐射带（Van Allen radiation belts），内带距地面 1000~6000 公里，存在大量的电子（能量达数百 KeV）和质子（能量达 100 MeV 以上）。外辐射带距地面高度 13000~60000 公里，比内带大得多，储存着受磁场束缚的高能电子（0.1~100 MeV）。范艾伦辐射带中的高能粒子主要来自太阳风和宇宙射线，它们会破坏太阳能电池、集成电路、感测器等仪器。人造卫星的轨道一般都会避开辐射带和加上一些防护（如几毫米的铝层），但在巨大的磁暴发生时，辐射带边界的移动和漏出的高能粒子往往会对人造卫星上的电子仪器造成严重损害。强磁暴所造成的磁力线扰动还会导致长距离电源线短路，严重影响人类在地面上的活动。高能粒子对细胞的破坏作用亦不容忽视。因此，当载人的太空船穿越辐射带时，必须尽量减少经过的时间。

地球的宜居性

太阳系中只有地球适宜人类居住，是什么条件使地球有别于系内的其他行星？宜居性（habitability）的先决条件是生命是否可以存在。而生命存在的先决条件，以目前的科学认识，有以下几个要素。

首先是受到的高能辐射不能太强，否则原子、分子都会被离子化，复杂的有机分子更不能存在，没有大气保护的水星和月球表面就有这个问题。其次是温度不能太高或太低，否则水不能以液态存在。在地球两旁，比地球较接近太阳的金星是太热，而较远的火星和其他距太阳更远的行星便是过冷了。再次是有没有维持以上条件的保护层，这包括有足够密度的大气层和磁层。地球大气吸收了能量在紫外 B 以上的阳光，又阻止了太阳风和宇宙射线的高能粒子到达地面。磁层也有阻隔高能粒子的功效，它还保护了大气层，减低空气分子的逃逸，使大气不被太阳风刮走。

对于人类来说，大气的化学成分也是非常重要的。地球的大量氧气（自由氧）在太阳系中是独一无二的。不过在地球形成初期氧气并不多，氧气如何在后期产生成为一个重要的疑问。一种流行的说法是大气中的氧经生物光合作用由 CO_2 解放出来。但是根据对有机碳沉积岩（organic carbon sedimentary rock）的分析，

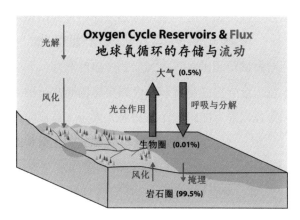

图 8.9　地球氧的释放与吸收

氧气对于地球生物的发展非常重要。大多数的氧原子是存储在岩石圈，主要是以氧化物的形式存在，不过逗留时间很长。大气中的氧原子主要是依赖生物的活动来循环，光合作用释放出二氧化碳中的氧，而呼吸与分解又把氧原子吸收到生物圈中。

发现在该过程中释放出来的氧不足以提供现有大气中氧的数量。目前一种更新的解释是海洋与陆地板块对撞，导致海洋板块下沉，把含 H_2O 的矿物带到高温的地幔，再经氧化还原（redox）化学反应而把氧放出，氢则经火山排出而最终经逃逸层丢失。

地壳板块对撞、下沉对大气改造还有另一个重要贡献，就是把 CO_2 制成的沉积碳酸矿物（由溶于水的 CO_2 与钙、铁、镁等化学离子合并而成）贮藏到地下。这个地质过程对调节大气中的 CO_2 量非常重要，其时间尺度在千万年以上。由此可知，地壳板块活动对宜居性也发挥着重要作用。而这种地壳板块活动，只是地球才有。

在此还应一提全球变暖（global warming）这个相关现象。

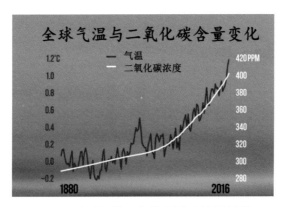

图 8.10　全球温度与二氧化碳空气中浓度的变化

目前，已有很多科学的证据显示地球表面的温度与大气中二氧化碳的含量有着密切的关系。在过去 100 多年里，二氧化碳的浓度不断攀升，全球变暖也与其同步进行。

现代全球变暖的原因是人类为提取能源而大量释放本来已被束缚在地下的碳，使空气中的 CO_2 在近百年来急速上升（浓度增加了约 1/3）。CO_2 是温室气体，它让太阳传来的可见光自由到达地面而阻碍了发散地球热量的红外光（infrared radiation）外逸，故此 CO_2 的增加导致地面温度上升。全球地面平均温度在近 40 年来升了约 0.5℃。这个不大起眼的数字，已导致海面每百年上升 0.3~1 米（主要由于热膨胀），影响沿海低洼地区的居住环境。例如位处西南太平洋的基里巴斯（Kiribati）岛国，有 32 个岛已不宜居住，需要迁移 10 万以上居民。北极的夏季将会在 2030 年左右变得完全无冰，带来生态危机。全球变暖最显著的征兆是全球气候极端化，台风、暴热、干旱、暴雨、暴寒、暴雪等天气现象变得更激烈和频密。区域农业生产环境因而改变。此外，微生物与蚊蝇滋长加快；严重疾病（如疟疾、腹泻病、登革热等）的传播与流行更广泛；心血管病的发作亦会因极端热浪和寒流的频繁出现而增加。过去 3 年，与全球气候变化相关的灾害估计已造成 6500 亿美元的经济损失，是全球国内生产总值的 0.25%，根据联合国专家小组的估计，这数字在 2040 年会增加 80 倍。

空气中的 CO_2 可以被海洋吸收，而更彻底的是经板块沉降而储到岩层之中，但是前者需时数百年，而后者需时数百万年，全球变暖的危害迫在眉睫，如何应对，在未来几十年内会成为人类面对的严峻挑战。

第九章

总结篇: 我们今天对自然的认识到了什么样的程度? 还有哪些待解的难题?

张东才

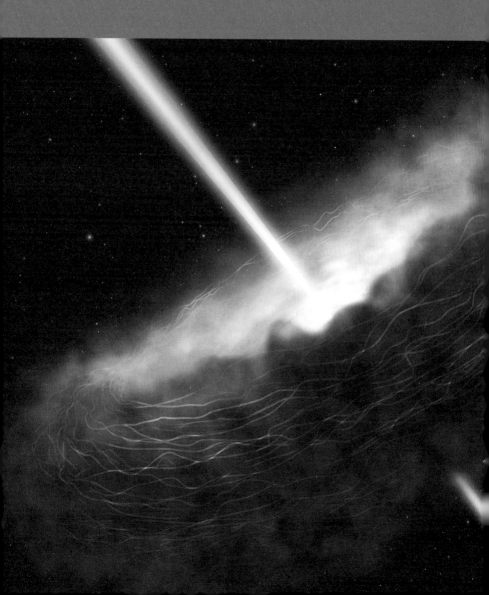

对于从大到小不同尺度的自然世界，我们都已经有了不少的认识。但是对于极小尺度和极大尺度的世界，我们的认识却依然非常不足。目前许多的理论还带有不少推测的成分，其出发点往往是追求数学的美，而非自然的真。在今天，科学家现在努力地去寻找验证这些理论的实验证据。在本章里，我们列出一些科学界现在十分关注的基本问题。

我们今天对于自然的认识有多少

对于直观世界和微观世界我们目前都有了非常深入的认识

在最近一个世纪，人类对自然的认识有着飞跃的发展。本书的第一章里有一幅图，介绍了宇宙里从大到小的各种事物，让我们回顾一下这张图（见图 9.1）。从图中可以看出，我们的物质世界的各种事物在空间上有极大的跨度；小可以有比原子核还要小的夸克，大可以大到整个宇宙。在过去的一个世纪，我们对各个尺度上的事物都有了不少的了解。尤其是，我们对"直观世界"里的事物的了解已经非常深刻，很有把握。当然，相对于微观世界，我们对直观世界的了解比较容易。首先，我们可以用人类的感官来感受这个世界的事物的变化；其次，这个直观世界的运作原理与我们的日常经验是相符合的，我们只需要善用归纳和演绎的科学方法来研究就行了。

我们对于直观世界的科学研究大大地促进了人类文明的发展，尤其是促进了工业和技术上的发展。16~19 世纪，经典力学的发展不但大大地促进了人类对自然的了解，它还极大地提高了人类利用自然的能力。事实上，经典力学／牛顿力学对于我们在建筑、土木工程、桥梁道路的建设和机械工程的发展都提供了一个坚实的理论基础，起了一种极大的促进作用。正因为有了这些工程上的发展，才有了人类社会的第一次工业革命。

19 世纪，人类对于自然世界有了进一步的了解，尤其是在电磁方面。对于电磁学的掌握和电机工程的发展又促进了人类的第二次工业革命，即电气革命。

从 20 世纪下半叶开始，人类又进入了一个新的工业发展阶段，可以称为第三次工业革命，带来了电子工程与信息技术的飞跃发展。这奠基于科学家在 20 世纪初对原子理论和量子力学的掌握。这时，人类对于自然的认识已经超越了"直观世界"，而进入更小的"微观世界"。在这个微观领域里，出现了一些量子世界的神奇现象，难以用我们的直观经验来解释。不过，这并不妨碍我们对量子力学的应用。通过物理学家对于微观世界的研究，人们利用半导体、晶体等的物理性质而发明了各种电子器件，建造了电脑和各种先进的通信设备，奠定了信息化和自动化的物质基础。这些发明在今天深刻地影响着我们的生活，把我们带进一个信息革命的时代。

可以说，在过去的一两个世纪里，我们对于直观世界和微观世界的了解大大地促进了人类文明的发展，尤其是工程与技术的发展；也大大提高了我们的生活水平，并在很大程度上影响着我们今天的生活。

对于了解"宏观世界"方面，在过去几个世纪我们也有了很大的发展。尤其是，由于空间科学和卫星技术的发展，我们可以

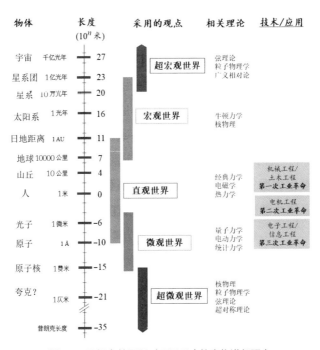

图9.1 了解自然需要对不同尺度的事物进行研究

自然世界里的不同的物体可以分为五个层次：超宏观世界、宏观世界、直观世界、微观世界、超微观世界。其中，只有直观世界可以利用人类的感官直接认识。对于其他世界的认识，都必须使用大量的理论和实验工具。这里的中轴是物体的长度（10^n 米）。轴上标记的数目是 n。轴上的 1AU 代表一个"天文单位"。1Å 代表一埃，等于 10^{-10} 米。对于超微观世界和超宏观世界的一些理论，例如弦理论和超对称理论，目前还没有得到实验现象的支持。迄今为止，人类历次的工业革命都是奠基于直观世界和微观世界的物理理论。

突破地球的大气层来观测很多天文现象，例如利用哈勃望远镜来进行对其他天体的观测。这不仅促进了我们对于太阳系里的各个行星的了解，也大大地帮助了我们对太阳系以外的，例如银河系、其他星系和星系团的现象的观测。不过，这些在天文学上的发展对于人类在工程和技术方面的贡献是有限的。对于"宏观世界"的了解与对"直观世界"和"微观世界"的了解不同，它更多的是对人类好奇心的满足，而并非对工业／工程技术的发展做出直接的影响。而且，"宏观世界"大部分的运作规律可以用牛顿力学来解释。当然，有些现象也需要用到核物理的知识，现在有些现象似乎也依赖广义相对论。但我们后面会提到，这里有一部分还有争议。

我们目前对于超微观世界和超宏观世界的了解都很少

对于"超微观世界"，我们的了解已经到了原子核的层次。对于原子核的组成或者对亚原子粒子（如中子和质子）的结构，我们虽然有了一套粒子物理学的标准模型，但是对于其物理本质的了解还是有限的。而且，这方面的研究还仅限于满足人们对自然的好奇心上，不能发展成为一种技术来应用。事实上，现在对于超微观世界的研究还没有能够完全满足人们的好奇心。因为现在的理论主要还是建立在数学模型上面，它在物理实验证据方面仍然比较缺乏。目前的物理学家希望通过加速器大大地提高粒子的能量，从而能够产生能量越来越高的粒子来进行研究。理论上讲，有了更大的能量才能穿越更大的能量壁垒，从而深入到粒子更深处进行探索。但是，我们通过制造的加速器提高能量是有限度的。今天最大的加速器（大型强子对撞机 LHC）使粒子获得的能量达到万亿电子伏特（TeV）的数量级，很难再升级到更大的能量。但这和宇宙早期生成时的能量来比，还差得非常远。因此，要研究超微观世界的物理现象是非常困难的。因此科学家对这方面的了解还非常有限。即使有了一些理论，但要做实验来检验这些理论也非常困难。

我们对于"超宏观世界"的了解就更少了。基本上来说，人们开始研究超宏观世界还不到半个世纪，很多理论都是最近几十年提出的。在这个领域里，很多理论都存在争议，难以有一个定论。对于这方面的研究有几个困难：首先是缺乏适当的物理理论来解释超大尺度的世界。现在有些科学家应用了一些粒子物理学的理论来探讨宇宙学，也有人使用了广义相对论或者弦理论来解释宇宙的变化。但这些理论模型都有不少猜测的成分，而且很难找到实验的证据。现在科学家研究较多的是对宇宙微波背景（CMB）的分析。根据 CMB 测量的结果，有些宇宙学家建立了一个"Λ 冷暗物质模型"（ΛCDM，Λ 是爱因斯坦方程里的宇宙常数，下文会做一些简单介绍）。根据这个模型的解释，人们对于宇宙的一些性质已经得到一些初步的了解。不过，这些了解还需要其他实验独立的验证。对于超宏观世界的研究，目前纯粹属于满足人们对自然的好奇心，完全谈不上在新技术方面的发展。

可以说，我们对超微观世界和超宏观世界的了解才刚刚起步，还有很长的路要走。那么，我们目前对于自然的研究有哪些主要的挑战呢？下面是科学家目前在积极关注的一些待解的难题。

为什么物质远多于反物质

我们今天对于宇宙的认识有一个非常明显的问题，就是为什么"物质"远多于"反物质"。从目前的粒子物理学的标准模型来看，宇宙在大爆炸后应该产生等量的物质和反物质粒子。我们知道物质是由原子组成的，而原子核又是由质子和中子组成的。质子和中子都属于重子。根据目前的宇宙诞生理论，宇宙最初生成的重子和其反粒子（反重子）应该是数量一样多的。因此，在今天的宇宙里，应该有同样多的物质和反物质。

然而，事实却显然不是这个样子的。我们知道，当一个粒子遇到一个反粒子的时候，它们会互相湮灭，产生光子。如果我们的世界有很多原子都是由反粒子来组成的话，那我们应该经常看到我们世界的物质被湮灭而变成辐射能量。但这种情形并没有发生。如果这种情形发生的话，我们身体里的分子就会经常突然地消失，而且世界也会不断地产生强大的辐射能，生命就难以存在了。

那怎样来解释这种物质与反物质的非对称性呢？有很多科学家提出了各种可能的理论。有人认为，宇宙可能会分为许多个不同的区域，有些区域主要被物质占据，而其他的区域则主要由反物质占据。这些区域之间距离很远，因此这些不同区域的粒子和反粒子不会相遇而互相湮灭。我们刚好是生存在一个由物质组成的区域内。不过这种理论到目前为止还没有找到实验的证据。

另外一些理论认为，在宇宙诞生的初期，物质和反物质是以几乎相等的量存在的。不过由于一些还不确定的原因，导致重子的生成过程中会出现一些非常微小的不平衡。后来由于粒子和反粒子不断地产生和湮灭，许多原来的粒子—反粒子已经消失了。今天填满宇宙的物质主要来自少量遗留下来的粒子（有人估计约为一百亿分之一）。因此到了后来，这些重子与反重子的差别就变得很大了。

对于重子与反重子的非对称性，目前在粒子物理学里是一个重要的研究课题。有好几个国家的研究小组提出了几种相互竞争的假设来解释这个现象。但直到今天为止，仍没有达成一种共识。所以对于为何我们的宇宙主要由物质而非反物质组成，仍然是宇宙学研究中一个重要的未解之谜。

粒子的本质是什么

另外一个未解的重要问题是：粒子的本质是什么。我们知道世界里许多不同的物质都是由基本粒子组成的，而组成物质的基本粒子又分为两种：一种是轻子，是真正的基本粒子；另一种是重子（包括中子、质子和介子等），实际上是由更基本的粒子（夸克）构成的。那么，不论是轻子也好，夸克也好，组成这些基本粒子的物质究竟又是什么呢？

在今天的粒子物理学里，基本粒子被认为是一种点状物体（point object），它的体积接近于零，往往可以略而不计。那么，这个点状物体的结构是怎样的呢？我们完全不知道。在最近几十年，粒子物理学里出现了一种新的理论，称为"弦理论"（string theory）。他们认为粒子不是点状物体，而是一种一维的振动的弦。但是由于这些"弦"的长度很小，约为 10^{-35} 米，所以从远处来看，我们看不出它是一条弦，而会以为它是一个点状的物体。

另外，目前的粒子物理学认为，一个粒子就是一个"场"（field）的激发态，因此宇宙中充满了各种场。根据现在的理论，每一个粒子都对应着一个自己的场。例如光子对应着电磁场，电子对应着电子的场（又称为狄拉克场）。同样地，μ 子有 μ 子的场，τ 子有 τ 子的场，每个夸克也对应着各自的场；近年发现的希格斯粒子也有自己的希格斯场（Higgs field）。这样问题就来了：我们知道粒子是有很多种的，那是否意味着自然界有同样多的场呢？为何宇宙有这么多的场？那么，到底是粒子更基本还是场更基本呢？

在本书第六章里，作者建议粒子其实只是真空介质的激发波，不同的粒子只是代表着真空不同的激发模式。如果这个建议得到证实，那么粒子的本质就变得简单易懂了。不过，由于这个建议还很新，目前尚在假说阶段，还需要进一步的理论发展和实验验证。

真空的物理性质为何

要真正了解粒子的本质，我们必须解决一个根本的问题，那就是：真空是什么。在物理学里，不同的理论对于真空的理解往往不同。例如在经典力学里，真空是空无一物的空间。但是在量子力学或宇宙学里，没有物理学家会认为真空是空无一物的。真空的复杂程度往往取决于其理论的假设。下面让我们做一些简单的回顾。

在第三章里我们提到过，19 世纪，人们认为真空是一个充满以太的空间。也就是说，物质与物质之间的空间是被"以太"这种介质所充满的。这种以太的激发波就是电磁波。不过到了 19 世纪末，光干涉实验的结果并不支持这个理论。当爱因斯坦提出狭义相对论后，人们又回到了牛顿的经典真空的概念里。事实上，相对论是一个经典理论，其真空的概念与牛顿力学里的真空是没有两样的。狭义相对论与牛顿力学的分别主要在于时空是否绝对。

但是，到了 20 世纪初量子力学渐渐发展起来的时候，真空又出现了新的内容。我们前面提到当狄拉克在解释电子的量子理论时，他假设真空里一直存在一个充满了负能量电子的"狄拉克海洋"。因此，狄拉克理论里的真空不是一个空无一物的真空，而是一个充满负能量电子的体系。后来物理学家发现所有其他费米子也有各自的反粒子。根据狄拉克的理论，所有这些有反粒子的费米子都需要一个负能量粒子的海洋，例如 μ 子有负能量的 μ 子的海洋，τ 子有负能量的 τ 子的海洋，各种介子也有各自相应的负能量粒子海洋。因此，真空就变得很复杂了。

后来，物理学家又发展了量子电动力学（QED）以及更广泛的量子场理论。这些理论里的真空都并非空无一物。这些理论认为，所有的粒子都是其"场"的激发；所谓"真空"，就是它的"场"的基态。以 QED 里面的光子为例，如果把真空当作一个简谐振子，每一个光子的基态都会有一个 1/2 hv 的能量。也就是说，即使一个光子没有被激发，它的基态也有 1/2 hv 的能量。这表示蕴藏在 QED 真空里的能量是非常庞大的。

同样地，对于其他种类的粒子来说，也各自有各自的基态和真空。对于组成重子的夸克来说，它的量子场理论更加复杂，称为量子色动力学（QCD）。在这个理论里，共存着多种的真空，以解释不同的夸克和胶子的产生。在大部分宇宙学理论里，真空也有其特殊的性质。有理论认为宇宙暴胀（inflation）就是由于宇宙在不同真空状态之间的转换而引起的。在近年流行的超弦理论里，认为宇宙里可以有大量不同的真空状态。其数目可以接近于无穷大。

从上面讨论可知，不同的理论对于真空的假设是不一样的。现在有一个非常重要的问题需要解决，那就是：我们的宇宙里究竟是只有一个真空还是有很多个真空。根据目前的标准模型，宇宙里不能只有一个真空，因为每个粒子都是一个场的激发态。由于粒子是有很多种的，所以就必须有很多种不同的场同时存在于这个空间里。目前的理论认为粒子就是场的激发态。因此，每个场也必然有一个它的基态（ground state）。这个基态就是一种真空。如果有很多个场，就会有很多种场的基态，就必然需要很多种真空。但是这些真空是如何叠加的？目前还不清楚。

因此，目前的理论对于真空概念的假设是相当复杂的。要摆脱这种困境，我们需要去考虑一些比较简单的假说。在本书第六章里，作者介绍了一种新的提议，认为所有粒子都是真空的激发波，不同的粒子只是同一个真空介质的不同激发态。在这个理论里面，就不需要假设每种不同的粒子都有一个不同的场、每种基态的场都需要一种真空了。

宇宙只需要一种真空介质，它可以有很多种不同的激发波。至于这种真空的物理性质，根据麦克斯韦的理论，真空可以被视为一种电介质（dielectric medium）。这样，我们只需要一种真空就可以解释所有的量子现象了。在未来，新一代的科学家也许可以朝着这个建议的方向进行探索。

什么是暗物质与暗能量

现在要了解宇宙，科学家遇到一个很大的问题，就是暗物质和暗能量。什么是暗物质？暗物质是一种目前还不了解的物质形式。大多数科学家认为暗物质在本质上是不属于重子的物质，可能由一些尚未发现的亚原子粒子组成。称其为"暗物质"是因为它似乎不会与电磁辐射（如光）相互作用，因此很难用电磁波设备来进行检测，不容易看得见。

那么，人们怎么知道暗物质的存在呢？暗物质是在通过计算去解释一些天文现象时提出的。

在本书第二章里，我们介绍过，当人们观测某些星系时，发现其边缘物体的旋转速度，远大于人们根据这些星系探测到的物质的估算结果。因此，唯一的解释就是：这些星系的实际质量比我们能观察到的要大得多，里面必然有一些我们看不见的"暗物质"。这样才能解释为何其引力能让那些在其边缘快速运动的星星继续留在这些星系里面。

暗物质的其他证据还包括对于一些星系的引力透镜观测。不过目前还不能直接观察到暗物质的存在。许多科学家认为暗物质主要是一种尚未被发现的新型基本粒子，特别是"弱相互作用的大质量粒子"（WIMP）或"重力相互作用的大质量粒子"（GIMPs）。有一些科学家正在积极进行直接检测或研究暗物质粒子的实验，但至今尚未取得成功。

在目前的宇宙学研究里，一个更大的谜团就是暗能量。什么是暗能量？这是一种假设存在于宇宙之中的能量。为什么我们会需要暗能量？这主要有两个原因：首先，在一些宇宙模型里，特别是现在被许多人应用来解释对宇宙微波背景（CMB）观测的"Λ冷暗物质模型"（Lambda-CDM model）里，人们发现有一些无法解释的地方，需要添加一项新的参数，那就是"暗能量"。在目前宇宙学的标准 Lambda-CDM 模型中，宇宙的总质量能量包含 5% 的普通物质和能量，27% 的暗物质和 68% 的未知能量形式，最后这一部分就称为"暗能量"。

此外，目前的宇宙学家也需要暗能量来解释宇宙的膨胀。在对超新星 Type Ia 的观测中，人们发现这些超新星在加速离我们而去。这表示宇宙正在加速膨胀。为了解释这种现象，需要一种与万有引力方向相反的力存在于宇宙的所有空间。由于人们并不知道它到底是什么，所以就把它称为"暗能量"了。

对于这种"暗能量"的本质，我们几乎是一无所知。由于它在宇宙中无处不在，现在许多人就把暗能量与爱因斯坦方程的宇宙常数联系起来了。

如何解决广义相对论与量子力学之间的冲突

量子力学与广义相对论的分歧

在今天的宇宙学研究里，有很多理论模型都是依靠广义相对论作为基础的。例如我们前面提到的"Λ冷暗物质模型"就是如此。近年比较流行的"暴胀理论"（Inflation model）也应用到了广义相对论。目前，物理学并没有很多针对大尺度系统的成熟理论，广义相对论几乎是唯一可供人们拓展想象的理论工具。在未来，宇宙学家就需要面对一个严肃的问题：把所有的理论全押在一个天才的推测上是否风险太大？万一爱因斯坦的猜想是错的，那怎么办？

事实上，在20世纪，科学家已经清楚地认识到广义相对论与量子力学有一些重要的冲突。相对论主要是一种描述经典力学系统的理论。它与量子力学并不匹配。就拿对于真空的看法来说，相对论的真空概念与量子理论的真空概念完全不相容。而且，广义相对论主要在于尝试了解引力与时空的关系，而量子物理学理论对引力的运用却是无能为力的。有些物理学家曾经尝试建立量子引力理论，但截至目前都没有取得成功。所以长期以来，广义相对论与量子力学都只能应用在不同的领域之中。

因此，约在半个世纪以前，有人建议创立"弦理论"（String theory），声称其可以同时满足量子力学与广义相对论的要求。这种创意得到不少理论物理学家和数学家的响应。在过去几十年里，也的确发展出了一些深奥的数学模型为解决宇宙运作的问题给出了一些希望。有些乐观者甚至声称，"这个弦理论可以解决所有的理论物理问题"，他们因此把弦理论称为"无所不能的理论"（Theory of Everything）。可惜的是，经过了半个世纪的努力，还没有人能够用弦理论解决宇宙学研究上任何具体问题。所以在今天的物理学界，有些人已经开始反对继续资助弦理论的研究了。

对于弦理论的研究目前有几种批评意见。（1）认为它有太多的猜测（speculative）。例如，根据这个理论，可以有很多个宇宙，里面有不同的物理规则。（2）它没有实验上的证据，它所预测的一些粒子得不到实验的证实。（3）它的选择性太多。例如对于真空的状态（vacuum state），据说弦理论的真空状态可以有 10^{500} 个选择，因此它可以解释任何的实验结果。

回顾广义相对论的发展

目前，物理学上解释万有引力的公认理论只有两个：牛顿的万有引力理论和爱因斯坦的广义相对论。牛顿的理论非常简单，只有一条公式。而且，这条公式的建立是经过大量的天文观察，并经过很多学者（包括开普勒、伽利略和牛顿等）的研究归纳而成。与此不同的是，广义相对论的公式非常复杂。而且，这套公式的建立主要是靠爱因斯坦一个人的推论。［注：也有人认为该公式的数学部分是由希尔伯特（David Hilbert）完成的。］在天文学的领域里面，牛顿的理论已经得到非常普遍的应用。理论的预测与观察的结果也非常吻合。可是在今天的宇宙学研究方面，许多理论模型依靠的却主要是广义相对论。目前，这些理论模型的预测还比较缺乏直接的观察数据来验证。

关于爱因斯坦建立广义相对论的历史，我们在附录 9.1 有一个简单的回顾。读者可以从其中了解这项工作的一些有趣的历史过程。广义相对论的方程非常复杂，不过由于它做出了一些大胆的假设，吸引了很多人的注意。如今，广义相对论已经被传媒杂志报道了无数次，即便是一个小学生也耳熟能详。所以有很多人以为这个理论已经是不争的事实，而不仅仅是一个"理论"了。

附录：关于爱因斯坦方程的一些曲折历史

关于爱因斯坦的生平，有很多的著作。其中一本比较权威的传记是 W. Isaacson 著的《爱因斯坦：他的生平与宇宙》（*Einstein: His Life and Universe*）。该书对于爱因斯坦发展广义相对论的过程有着详细生动的描述。以下是根据该书和其他一些参考文献总结而成的摘要。

爱因斯坦在完成了狭义相对论以后，开始思考万有引力的问题。由于狭义相对论只比较了两个匀速运动的惯性系统之间的时空关系，这个理论无法适用于万有引力定律。在宇宙之中，大部分的物体都会感受到引力的作用，这个问题是必须面对的。我们从牛顿力学知道，引力是与加速度有关的。如果要解决引力对于物体运动的作用，就必须把相对论应用到一个有加速度的惯性系统里面。从 1907 年年底开始，爱因斯坦就一直在思考这个问题。

但要实现这个目标并不容易。根据爱因斯坦自传里的描述，他有次正坐在伯尔尼专利局的椅子上的时候，突然产生一个想法："如果一个人自由落下，他当然感受不到自己的重量"；"当一个人下落时，他在加速。他观察到的，无非就是在一个加速体系中观察到的东西。"由此，他决定将相对论从匀速运动体系推广到加速度体系中，并期待这一推广能让他解决引力问题。

这种想法促使爱因斯坦提出"等效原理"（Principle of Equivalence）。他认为：我们可以假设一个引力场和一个参考系统的相应加速度有完全的物理等效性。

爱因斯坦方程发展的过程

这个灵感使得爱因斯坦大受鼓舞。不过，虽然有了一个有趣的物理概念，但要把这个物理概念变成一套物理理论仍然有很大困难。尤其是要使得一个四维空间在加速情况的改变下符合洛伦兹变换，需要非常复杂的数学工具。爱因斯坦虽然有很好的物理直觉，但是他的数学功底并不好。他的数学老师闵可夫斯基就曾经数落爱因斯坦是"懒狗"。为了要把引力场的理论导入相对论里面，爱因斯坦在 1912 年请他的同学格罗斯曼（M. Grossmann）来帮忙。格罗斯曼推荐给爱因斯坦张量分析（tensor analysis）和其他一些数学工具，爱因斯坦开始在格罗斯曼的帮助下寻找能够共变（covariance），也就是可以描述各种旋转和有加速度的时候的方程式（也就是广义相对论的方程式）。到了 1913 年，他们还是没有办法找出能够完全满足条件的方程式。

作为一个阶段性的小结，爱因斯坦发表了一篇文章——《广义相对论及引力理论摘要》。这篇文章被称为"*Entwurf*"也就是"摘要"的意思。

1915 年，爱因斯坦来到了柏林，成为普鲁士科学院的一员。

他认为"摘要"一文中得到的方程已经是能最大限度的共变了。他也认为这些方程已经可以解释某些旋转的情况。因此，在1915年夏天哥廷根大学的讲座上，他很详细地展示了他的这个理论。当时的哥廷根大学在理论物理学研究的数学方面有最重要的中心地位。其中最牛的就是希尔伯特。希尔伯特也是位和平主义者。他对爱因斯坦的这个理论很感兴趣。很自然地，两人在见面后互相非常有好感。而希尔伯特也开始研究最后的正确方程应该是什么样的。

1915年10月，爱因斯坦发现了他的"摘要"一文中得到的方程有重要的问题。它们在旋转的变换下不是共变的。爱因斯坦觉得情况危急了，一定要在希尔伯特之前找出方程来才行。于是，他改变策略，重新重用1912年时格罗斯曼给他介绍的黎曼张量（Riemann tensor）和里奇张量（Ricci tensor）。

普鲁士科学院每周会举办一次周会，让其会员聚在一起听取其中某人的工作。爱因斯坦有一个系列持续4周的讲演。第一个讲演在1915年11月4日。那时爱因斯坦还没有能让他的方程全面共变。他工作得昏天黑地，经常连午饭也忘记了吃。他知道他在和希尔伯特赛跑，看谁先得出正确答案。他知道希尔伯特已经看出他"摘要"一文中得到的方程的问题，为了避免被抢先，他写了一封信给希尔伯特，告诉他自己四个星期以前就已经知道那篇文章中的错误，并随信寄上了他11月4日的文章，让他知道自己已经有所进展。

11月11日，爱因斯坦给了第二个讲演，他使用了里奇张量并给出了对坐标系的新的要求，但其中仍然有些错误。爱因斯坦把这篇论文寄给希尔伯特求教。希尔伯特立刻回信，表示他知道如何纠正论文中的错误，并表示他于 11 月 16 日在哥廷根大学有一场演讲，到时他会把他的理论详细地报告。他邀请爱因斯坦来哥廷根听他的讲演。在信的最后，希尔伯特还加了一句话："就我所见，你的答案和我的答案完全不同。"

11 月 15 日，爱因斯坦写信给希尔伯特，以胃痛的理由拒绝了他的邀请。并希望希尔伯特能寄给他一份希尔伯特给出的答案的文章的副本。第二天，希尔伯特就把文章寄给了爱因斯坦，据说里面包括了最终完整的引力场方程。

11 月 18 日早上，爱因斯坦收到了希尔伯特寄来的文章，爱因斯坦回信给希尔伯特告诉他自己在 3 年前就已经考虑到了文中提到的内容；并提到自己当天会在普鲁士科学院给出解释水星轨道偏离的讲演。

11 月 20 日，希尔伯特把他的文章拿到一家哥廷根的科学杂志去发表。

11 月 25 日，爱因斯坦在普鲁士科学院给了他这个系列的最后一个讲演"引力的场方程"。这时他给出的方程终于是共变的，也就是今天人们所知道的"爱因斯坦方程"（Einstein's equations）。这篇文章发表在次年三月的《物理年鉴》（*Annalen der Physik*）上面。

$$R_{\mu v} - \frac{1}{2} g_{\mu v} R = -\frac{8\pi G}{c^2} T_{\mu v}$$

其中："$R_{\mu v}$ 是里奇张量，$g_{\mu v}$ 是度量张量（space-time metric tensor），R 是标量曲率（scalar curvature），$T_{\mu v}$ 是应力—能量张量（stress-energy tensor），G 是牛顿万有引力常数，c 是光速。

μ 和 ν 是代表时间和空间的参数，可等于 0、1、2、3 。

爱因斯坦的这个方程日后取得了巨大的成功。但是他也对朋友表达过担心希尔伯特会分走一些功劳。到底是爱因斯坦还是希尔伯特先得出这个最后的方程呢？这在科学界有过激烈的争论。在最近一本介绍广义相对论的书里，有以下报道："希尔伯特在 11 月 20 日发表的论文《物理学基础》，比爱氏早了 5 天，应已含有完整的场方程。不幸的是，在这篇原稿中完整场方程可能出现的部分，竟然在 1994—1998 年被以刮胡刀切除。根据目前有的间接证据，甚至可推论出希尔伯特在 11 月 16 日即以明信片寄给了爱氏他已导引出的完整场方程，而爱氏在 11 月 25 日才第一次在普鲁士科学院披露后来以'爱氏场方程'命名的方程式"。所以对于这个广义相对论的方程，究竟应该称为"爱因斯坦方程"还是"希尔伯特方程"，今天成了悬案[①]。

宇宙常数

在爱因斯坦发表了他的广义相对论以后，他发现了一个问题，就是他给出的方程可能会导致宇宙的体积改变。但当时大多数科学家认为宇宙应该是恒定的。爱因斯坦为了使得他的方程符合当时人们的期望，他在 1917 年发表的《广义相对论的宇宙考虑》论文中，给他的方程式加了一条"宇宙常数"的尾巴。这个常数原来是用小写的 λ 表示，后来被改成大写的 Λ。于是原来的广义相对论方程就变成：

---

① 李杰信著：《宇宙的颤抖》（2017），第十一章。

$$R_{\mu\nu} - \frac{1}{2}g_{\mu\nu}R + \Lambda g_{\mu\nu} = -\frac{8\pi G}{c^2}T_{\mu\nu}$$

添加这个宇宙常数纯粹是爱因斯坦个人的猜测，他的目的就是使得宇宙形成一种静态的表象。若不加上此项，则广义相对论所得原版本的爱因斯坦方程就得不到一个静态宇宙的解。

不过，在 10 多年以后，哈勃通过对多个星系的红移的观测，在 1929 年发现宇宙正在膨胀中。从此人们认识到，原来以为宇宙是静态的是一种错误的猜想。爱因斯坦曾去参观了哈勃的望远镜。他后来就忍不住说：添加宇宙常数是他一生"最大的失误"（biggest blunder）。他从此就把他的方程里的宇宙常数删掉了。

可是到了 1998 年，一些宇宙学研究发现了宇宙加速膨胀。这项研究又让"宇宙常数"死而复生。这时候人们认为这些加速膨胀是由于宇宙中存在"暗能量"的缘故。尝试解释暗能量的理论很多，其中最主流的想法认为暗能量和爱因斯坦方程中的"宇宙常数"相关。所以在 21 世纪，这个"宇宙常数"又堂而皇之地回到 1917 年爱因斯坦给出的广义相对论方程里了。

至此，读者大概可以看出广义相对论不像牛顿万有引力理论，它的建立并非依赖对自然的大量观察，而是依靠某个人的猜测。真正了解广义相对论的科学家其实很少。这个理论受到重视，最初是因为在 1919 年英国天文学家爱丁顿（Arthur Eddington）进行了一次著名的验证，声称其观测结果支持了爱因斯坦的广义相对论。根据广义相对论，万有引力会扭曲时空，因此爱丁顿就利用了 1919 年的一次日食来观测远方星体的光线会不会被太阳的引力弯曲。他宣称他观测到的结果符合广义相对论的预测。

不过，后来有很多学者小心查阅了爱丁顿的实验记录，发现他当时的实验误差其实相当大，不足以给出支持或者否定广义相对论的结论。爱丁顿显然对数据做了一些主观的选择。不过由于他这个结论声称颠覆了牛顿的引力理论，在当时造成了极大的轰动。

当然，在几十年以后，有人用射电望远镜重新观察光子是否会被太阳的引力弯曲，得到了更加确定的结果。这在后来的文献被认为是对广义相对论最有力的支持。

除此以外，后来还有很多人做了许多关于验证广义相对论中的"等效原理"的实验。这些实验主要是验证电磁波在引力场中会不会发生一种红移现象，该现象被称为"引力红移"（gravitational redshift）。这些实验全部都证实了引力红移现象。因此，在今天，许多科学家都认为广义相对论已经被证实了。

不过，上述这些结果是否就表示广义相对论已经超越了理论的范畴，已经成为客观世界的事实呢？

本章作者对这个问题有很浓的兴趣。曾发表过一篇论文讨论这个问题[①]。以下是该文的一些要点：

第一，上面介绍的一些实验和观测，其结果可以有多种解释。广义相对论不是唯一能够解释这些结果的理论。就拿光被太阳弯曲的观察为例。许多人以为光的静止质量为零，所以不会受到引力的吸引。但这种理解是错的。我们在本书第五章已经指出，从

---

① Chang, Donald (2018). "A quantum mechanical interpretation of gravitational redshift of electromagnetic wave". Optik. 174: 636–641.

光子的量子性质里，我们可以推导出它有一个等效质量（effective mass），它的值并非是零。这个等效质量，就是光子的惯性质量。我们知道，一个物体的引力质量其实是这个物体的惯性质量，而非静止质量。因此，即使根据牛顿的引力公式，光子也是可以受到引力作用的。所以不论是爱丁顿的日食观察，还是后来的射电望远镜实验，都可以用光子与太阳的引力互动作用来解释，而不一定要用广义相对论的时空扭曲理论来解释。

第二，那些利用"引力红移"现象来验证等效原理的实验，其实也可以用光子的等效质量不等于零的道理来解释。事实上，从光子的量子特性以及光子在引力场里的能量守恒，我们可以很容易导出光子受引力红移的方程。这个方程和广义相对论得出的结果是完全一样的。

第三，这个光子具备等效质量的理论也可以解释人们观察到星系的透镜效应（lensing effect）和黑洞（black hole）的产生。

因此，过去许多被认为是广义相对论的铁证，其实仍然是可争议的。在未来，科学家还需要做很多新的实验来检验广义相对论。而且，与以前的实验不同，这些新的实验设计必须满足"唯一性"（uniqueness）的要求。也就是说，这些实验的结果只能验证广义相对论的预测，而不能被其他的理论解释。

宇宙有多少维度

另外一个非常有趣的问题是，我们的宇宙究竟有多少个维度？

在传统物理学里，科学家认为宇宙有四个维度：三个空间的维度和一个时间的维度。不过，在近年的一些粒子物理学和宇宙学的理论里，在四维空间里不能得到想得到的解，于是就在宇宙里加入了更多的维度。不同的理论认为宇宙有不同的维度。在弦理论里，要求宇宙有 10~11 个维度。不过，除了时空的维度以外，其他的维度都被认为是卷起来在一个很小的范围以内。因此，在宏观上，这些维度是难以察觉到的。这种情况可以用一个例子来说明。我们可以想象一只蚂蚁走在一根面条上面，这根面条本身是有着三维结构的，但对于这只蚂蚁来说，它只感觉到这根面条是一根长长的线，它可以在这根线上来来回回地走。那么对蚂蚁来说，这根面条就是一个一维的物体（就是只有长度）。所以，主张弦理论的人认为，在某种情况下，有些空间里的维度是不容易为人所察觉的。

宇宙为何会膨胀？它的终极命运为何

近年宇宙膨胀的证据主要来自对于超新星 Ia 的观察。有些天文学家认为所有超新星 Ia 的亮度都差不多，因此可以把它作为一个标准的发光体（有如一支标准的蜡烛）。因此，从超新星 Ia 的亮度我们就可以衡量它距离地球的远近。而从观测超新星 Ia 的红移现象，也可以测量它们离地球远去的速度。天文学家发现，我们的宇宙不但在膨胀，这种膨胀还在加速。这是一个非常惊人的发现。这个发现在 1998 年由两个独立的研究小组发表，他们后来因此获得了诺贝尔物理学奖。

不过，对于一个如此重要的天文现象，我们要非常小心地对待。首先，认为超新星 Ia 的亮度非常划一只是一种理论上的假设，这个假设是否正确需要不断验证。超新星是星体爆炸的结果，每个星体会有不同的质量，所以超新星 Ia 的亮度可能是有差异的。其次，我们还需要观察更多的超新星 Ia 来进一步确认它们的加速离去。最后，对于一个非常重要的宇宙现象，需要多种的证据。除了对于超新星 Ia 的观察，我们还需要其他独立的事件的观察，才可以更加确定。

如果我们现在已有的结论是对的，我们的宇宙正处于加速膨胀中，未来这个膨胀会继续吗？根据暗能量的理论，这种膨胀会继续。那么，未来会怎么样呢？现在有许多科普读物做出了种种猜想。例如，有人认为未来天空会越来越黯淡，所有的星系都离我们远去，银河系里的星星也在离我们而去，以后我们就看不见别的星星了，甚至太阳也离我们越来越远了。不过，这些想象目前也只是推测。

另一个问题是：宇宙是否有一个生命的周期？也许这种宇宙膨胀到某个点以后就会停止膨胀，然后可能会收缩，再然后再次膨胀。在自然中有很多事物都有这种周期性，宇宙的膨胀会有这种周期性吗？最近有些科学家，例如 Paul Steinhard 和他的合作者们就提出了一种理论，认为宇宙没有经历过大爆炸（big bang）或者暴胀。他们认为我们的宇宙并非是恒定的，但这只表示它有一个膨胀和收缩的周期。我们现在刚好是在宇宙从最小的状态向最大的状态膨胀的时期。等几十亿年以后，也许宇宙就膨胀到了最大的状态，然后就会转而进入收缩期。

目前，许多不同学派的宇宙学家还在激烈地争辩中，各有各的理论，但仍缺乏有力的实验证据。因此， 对于宇宙的未来我们还有很大的想象空间。

结语

在过去几百年里，人类对于自然已经有了深刻的了解。19 世纪末，人们已经能够清楚地解释天体的运行，以及一些电磁和光学的现象。不仅如此，通过对自然的了解，人们还可以利用自然甚至改造自然。这才有了第一次工业革命和第二次工业革命。到了 20 世纪初，物理学又迎来了另一波爆炸性的发展，那就是量子力学的建立。量子物理使我们认识了物质在原子层面的规律。这种认识进一步促成了新一波的科技发展，我们因此才有了今天的电子技术，包括计算机、通信网络、人工智能等。毫无疑问，近代物理学的发展为人类文明带来了非常辉煌的成就。

从 20 世纪到 21 世纪，科学技术有了飞跃性的进步。有人说，我们今天的科技发展几乎是以指数函数的方式增长。这在生命科学和电子工程的发展上尤其明显。据估计，在这些领域的知识每过 5~7 年就会增加一倍。不过，在理论物理的研究上，情形却非常地不同。事实上，现在有很多物理学家认为，在过去半个世纪，我们对于物理世界在超微观层面和超宏观层面的理解几乎没有实质性的进步。例如，在粒子物理学方面，人们对于粒子的基本性质和它在自然界的来源，还没有一套坚实的基础理论。在宇宙学方面对于为何发生大爆炸也并不清楚。在过去半个世纪，理论物理明显缺乏一种新的突破。现在粒子物理学和宇宙学所使用的理论，基本上还是近100年前发展出来的，也就是量子力学和相对论，并没有更深一层的模型。因此，我们今天对于自然世界的认识，可以说并没有超越20世纪初那些科学家的看法。

当然，理论物理学家并非没有做过新的尝试。在过去几十年，许多物理学家尝试使用弦理论来解释粒子的性质和宇宙的起源。截至目前，这个理论还没有成功解决过任何具体的物理问题。对于这种理论困境，有一位研究弦理论的专家格罗斯（David Gross）曾经提出过一些解释。格罗斯是一位得过诺贝尔物理学奖的物理学家。他2019年刚当选为美国物理学会的新任会长。他在1987年的一次访谈中，曾经表达过为何弦理论研究在当时会受到欢迎[①]。他认为："最重要的原因是理论物理学家没有其他更好的想法。弦理论是很难懂的。人们尝试过用多种办法来建立一套大统一理论（grand unified theories）。不论是保守的，还是越来越激进的理论，统统都已经失败了。但弦理论迄今还没有失败。"显然，他对于弦理论的前景也并非那么乐观。

目前这种理论困境，对于有志于研究物理世界基础的年轻人

---

① 格罗斯的原话是"The most important [reason] is that there are no other good ideas around...All other approaches of constructing grand unified theories, which were more conservative to begin with, and only gradually became more and more radical, have failed, and this game hasn't failed yet." See Woit, Peter (2006). Not Even Wrong. Basic Books, pp. 224-225.

来说，也许并不是坏事。正因为我们缺乏一套完善的理论来解释自然的根本原则，未来的科学家才有大好的空间发挥他们的想象力，去从事大胆的探索。因此，目前的挑战也可以算是一种机遇。事实上，我们今天在科学研究上具备了很多有利的条件。

第一，我们今天已经积累了大量的观察数据，对于建立起一些新的理论或者检测一些新的假设都很有利。今天一所大学物理系毕业生所掌握的物理知识，可比牛顿当年所知道的物理知识还要多得多。

第二，在直观世界和微观世界的层面，我们已经建立了许多有系统的物理理论，为我们了解自然世界提供了一个非常坚实的基础。

第三，现在的信息传播非常普及 。我们今天不再只依赖印刷品，而可以通过互联网得到各式各样的信息。以前人们只能去图书馆一本书一本书地去找，一页纸一页纸地翻。现在我们可以用搜索引擎找出想要的信息。这方便太多了。这是以前的科学家完全没有的条件。

第四，由于工程技术的飞跃发展，今天人类能制造的仪器非常先进，因此我们有非常强大的实验手段去验证一些以前无法验证的理论。今天科学家不但可以应用非常精密的实验仪器，还可以建立规模非常宏大的实验系统。例如，现在使用的粒子加速器（LHC）长达数十公里，可以到达万亿电子伏特（TeV）的能量级；还在建造中的国际热核聚变实验反应堆（ITER），建筑成本到目前已超过 140 亿美元，需要由欧盟、印度、日本、中国、俄罗斯、韩国和美国七方来共同承担。此外，我们今天不但可以在地球上进行实验，还可以把仪器发射到太空进行观察。这些都是过去的科学家难以想象的。

　　当然，有了优越的研究条件不等于研究就一定会有突破性的成果。显然，现代的科学研究既有有利条件，也有其不利条件。在过去 100 年，科学研究虽然有了非常大的进步，却也产生了一些问题，会对研究者产生干扰。这些干扰因素包括：

　　第一，信息太多，容易使人困惑甚至造成误导。其中，很多有用的信息都被杂音给淹没了。现在从事科学研究的人非常多，而且，由于电子文书处理系统的普及，发表论文变得容易了。今天出版的科学论文已经多到泛滥成灾。我们很难知道哪些论文是有用的，哪些是没有用的。另外，哪怕我们做了很全面的工作，要被其他研究者注意也不容易。因此，要在信息上突围而出变得很困难。

　　第二，功利主义的干扰。也正因为信息太多，许多人就会想尽办法去争取广告效应，把一些研究成果加上种种言过其实的包装，以便吸引眼球。这样就很容易使人被误导。而且，由于世俗社会有一些崇尚追求物质与虚名的风气，科学家有时候也会身不由己。现在科学界里充满竞争，学者要申请研究基金，想把论文发表在高影响因子的著名杂志上。因此，许多科学家急于求成，并尽力宣传自己的成就。这种竞争有时候会使人夸大其研究的成果。此外，大部分科研机构也经常需要发表一些成功的故事，间接加大了研究人员争取曝光的压力。

　　第三，跟风的压力。为了竞争研究经费，为了论文容易被发表，许多学者在研究方向上就选择尽量贴近主流的趋势，客观上造成了跟风。英国著名的物理学家和数学家彭罗斯（Roger

Penrose）出版了一本很有名的书，叫作《寻真之路》（*The road to reality*）。他在书中做了以下描述："现在由于交流变得很容易，往往会带来剧烈的竞争；由此就会产生一种跟风效应（bandwagon effect）；许多研究者害怕如果自己不加入到得势的队伍中，他就会被抛弃了。"①彭罗斯同时认为，现代物理学的研究有很高的技术难度，这迫使许多年轻的学者倾向于去靠拢已经成名的科学家，而不是靠建立自己的新途径来找答案。因此这些年轻的科学家就很难从时尚的研究方向中脱身（break away from the fashionable lines of research）。

在今天科学研究的生态环境中，以上是一些需要克服的挑战。那些有志于成为未来科学家的年轻人，最好有一些心理准备。不过，这些困难也不是不能克服的。在 20 世纪，有很多科学家曾经获得了巨大的成功。作者认为这些杰出的科学家的成功在于：

> 他们有很强的独立思考能力，不会盲从权威或流行的理论。要成为一个真正的科学家，我们应该尽量保持客观；既要脚踏实地，让证据说话，又要有充分的想象力。由于思想活跃，100 年前有很多科学家做了杰出的开创性工作。他们的勇气和精神，是我们今天应该学习的。

---

① Roger Penrose, The Road to Reality, 2005, p. 1018。彭罗斯在 2020 年获得诺贝尔物理学奖。

全书图的出处

第一章

标号	名称	图片出处简称	原始图片来源
1.1	思考中的人	作者创作，取材自网络	作者创作，取材自网络
1.2	基督教的创始神话	取材自 npr.org	https://www.npr.org/2009/10/16/113802982/r-crumbs-awesome-affecting-take-on-genesis
1.3	埃及的创世纪神话	取材自 Wikimedia commons	Dendera_Deckenrelief_02.JPG (https://commons.wikimedia.org/wiki/File:L'Ogdoade_d'Hermopolis.jpg) Jeff Dahl (https://commons.wikimedia.org/wiki/File:Re-Horakhty.svg)
1.4	盘古的传说	取材自网络	https://www.easyatm.com.tw/wiki/%E7%9B%A4%E5%8F%A4https://www.sohu.com/a/322662772_100133518?sec=wd
1.5	古代中国的天文观测仪器日晷和浑仪	取材自网络	日晷：http://www.chinashande.com/read-94-51.html 浑仪：https://commons.wikimedia.org/wiki/File:Ancient_Beijing_observatory_10.jpg
1.6	古代西方文明的一些建筑遗址	取材自 Wikimedia commons	Ricardo Liberato (https://commons.wikimedia.org/wiki/File:All_Gizah_Pyramids.jpg) The Parthenon in Athens: https://commons.wikimedia.org/wiki/File:The_Parthenon_in_Athens.jpg
1.7	古希腊对后世最有影响力的三位学者	取材自 Wikimedia commons	https://commons.wikimedia.org/wiki/File:Euclid_statue,_Oxford_University_Museum_of_Natural_History,_UK_-_20080315.jpg
1.8	阿拉伯学者伊本·海什木	取材自 Wikimedia commons	Sopianwar (https://commons.wikimedia.org/wiki/File:Ibn_al-Haytham.png), https://creativecommons.org/licenses/by-sa/4.0/legalcode
1.9	牛顿、法拉第和麦克斯韦	取材自 Wikimedia commons	https://en.wikipedia.org/wiki/Isaac_Newton#/media/File:GodfreyKneller-IsaacNewton-1689.jpg https://commons.wikimedia.org/wiki/File:J_C_Maxwell_with_top.jpg https://en.wikipedia.org/wiki/Michael_Faraday#/media/File:M_Faraday_Th_Phillips_oil_1842.jpg

标号	名称	图片出处简称	原始图片来源
1.10	核弹与核能发电	取材自 Wikimedia commons	https://en.wikipedia.org/wiki/Nuclear_weapon#/media/File:Fat_man.jpg https://commons.wikimedia.org/wiki/File:Guangdong_04780019_(8389262688).jpg
1.11	科学的发展与历史的背景	作者创作	
1.12	了解自然需要对不同尺度的事物进行研究	作者创作	
第二章			
标号	名称	图片出处简称	原始图片来源
2.1	阿波罗八号在绕月轨道上拍摄的地球升起	Wikimedia commons	https://commons.wikimedia.org/wiki/File:NASA-Apollo8-Dec24-Earthrise.jpg
2.2	暗淡蓝点。旅行者一号摄于1990年	Wikimedia commons	https://zh.wikipedia.org/wiki/File:PaleBlueDot.jpg
2.3	欧洲南方天文台根据天文观测绘制的银河系全景	Wikimedia commons	https://zh.wikipedia.org/wiki/%E9%93%B6%E6%B2%B3%E7%B3%BB#/media/File:ESO_-_The_Milky_Way_panorama_(by).jpg
2.4	本星系群及其包括的星系	Wikimedia commons	https://zh.wikipedia.org/wiki/File:Local_Group_zh.svg
2.5	空间膨胀示意图	apho2016.ust.hk	http://apho2016.ust.hk/files/APhO_2016_T2_Question.pdf
2.6	用气球上的蚂蚁来想象宇宙膨胀	作者创作	

标号	名称	图片出处简称	原始图片来源
2.7	宇宙的组成成分	取材自 astronomy.nmsu.edu	https://www.google.com.hk/url?sa=i&rct=j&q=&esrc=s&source=images&cd=&cad=rja&uact=8&ved=0ahUKEwjl9ajXz-bYAhWIKZQKHReUCs8QjRwIBw&url=http%3A%2F%2Fastronomy.nmsu.edu%2Fholtz%2Fa555%2Fay555%2Fnode1.html&psig=AOvVaw2mZbd0h_IH2SWkjJTCFqI9&ust=1516540471179921
2.8	星系旋转曲线	取材自 Wikimedia commons	https://commons.wikimedia.org/wiki/File:M33_rotation_curve_HI.gif
2.9	宇宙的热历史	phyw.people.ust.hk	http://phyw.people.ust.hk/teaching/PHYS6810C-2015/
2.10	近 30 年来微波背景辐射实验的进展	arxiv.org	https://arxiv.org/pdf/1806.02915.pdf
2.11	衔尾蛇的想象图	Wikimedia commons	https://commons.wikimedia.org/wiki/File:Ouroboros.png
2.12	物理学是个像衔尾蛇一样的闭环	phyw.people.ust.hk	http://phyw.people.ust.hk/research/research-interest/
第三章			
标号	名称	图片出处简称	原始图片来源
3.1	汤姆逊和卢瑟福的原子模型	作者创作，取材自网络	图 d：https://www.videoblocks.com/video/simple-vector-illustration-style-of-the-solar-system-with-planets-orbiting-the-sun-for-hud-or-other-screens-and-illustrations-fv68pai
3.2	卢瑟福	Wikimedia commons	https://commons.wikimedia.org/wiki/File:Ernest_Rutherford_LOC.jp
3.3	玻尔的原子模型	作者创作	
3.4	玻尔	Wikimedia commons	https://en.wikipedia.org/wiki/Niels_Bohr#/media/File:Niels_Bohr.jpg

标号	名称	图片出处简称	原始图片来源
3.5	普朗克	Wikimedia commons	https://commons.wikimedia.org/wiki/Category:Max_Planck#/media/File:Max_Planck_(1858-1947).jpg
3.6	德布罗意	Wikimedia commons	https://commons.wikimedia.org/wiki/File:Broglie_Big.jpg
3.7	海森堡	Wikimedia commons	https://commons.wikimedia.org/wiki/File:Heisenberg_10.jpg
3.8	薛定谔	Wikimedia commons	https://commons.wikimedia.org/wiki/File:Erwin_Schr%C3%B6dinger_(1933).jpg
3.9	泡利	Wikimedia commons	https://commons.wikimedia.org/wiki/File:Pauli.jpg
3.10	"泡利不相容原理"示意图	作者创作，取材自网络	作者创作，取材自网络
3.11	元素周期表	取材自网络	https://pic1.zhimg.com/v2-4762312e015f64994a2629ee2ce38ef8_1200x500.jpg
3.12	鲍林	Wikimedia commons	https://commons.wikimedia.org/wiki/File:Linus_Pauling_1962.jpg
3.13	固态物质里的能带模型	作者创作	
3.14	巴丁	Wikimedia commons	https://en.wikipedia.org/wiki/John_Bardeen#/media/File:Bardeen.jpg
第四章			
标号	名称	图片出处简称	原始图片来源
4.1	狄拉克	Wikimedia commons	https://commons.wikimedia.org/wiki/File:Dirac_4.jpg
4.2	狄拉克关于电子的量子模型	作者创作	
4.3	云室中出现的正电子轨迹	Wikimedia commons	https://commons.wikimedia.org/wiki/File: Positron Discovery.jpg

标号	名称	图片出处简称	原始图片来源
4.4	20世纪不同年代建成的粒子加速器	取材自 Wikimedia commons	https://commons.wikimedia.org/wiki/File:Cockcroft-Walton_3MV_Kaiser_Wilhelm_Institute_1937_top_view.png https://commons.wikimedia.org/wiki/File:Berkeley_60-inch_cyclotron.jpg https://commons.wikimedia.org/wiki/File:HD.6B.397_(13447881435).jpg https://commons.wikimedia.org/wiki/File:U.S._Department_of_Energy_-_Science_-_167_016_001_(14167450388).jpg
4.5	欧洲核子研究中心的大型强子对撞机	取材自 Wikimedia commons 及 phys.org	https://phys.org/news/2018-06-cern-major-reap-atom-smasher.html https://commons.wikimedia.org/wiki/Category:ATLAS_experiment#/media/File:ATLAS.jpg https://commons.wikimedia.org/wiki/Category:Large_Hadron_Collider#/media/File:CERN_LHC.jpg
4.6	一个中子的 β 衰变	作者创作	
4.7	汤川秀树	Wikimedia commons	https://commons.wikimedia.org/wiki/File:Hideki_Yukawa_1949b.jpg
4.8	汤川秀树的强作用力模型	作者创作	
4.9	杨振宁，李政道与吴健雄	取材自 Wikimedia commons	https://commons.wikimedia.org/wiki/File:Yang.jpg https://commons.wikimedia.org/wiki/File:TD_Lee.jpg https://commons.wikimedia.org/wiki/File:Chien-shiung_Wu_(1912-1997)_C.jpg
4.10	格拉肖，萨拉姆与温伯格	nobelprize.org 及 researchgate	https://www.nobelprize.org/prizes/physics/1979/glashow/facts/ https://www.nobelprize.org/prizes/physics/1979/salam/biographical/ https://www.researchgate.net/figure/Steven-Weinberg-is-a-principal-architect-of-the-Standard-Model-of-particle-physics-He_fig31_310428923

标号	名称	图片出处简称	原始图片来源
4.11	粒子物理学里弱作用力的模型	作者创作	
4.12	盖尔曼	nobelprize.org	https://www.nobelprize.org/prizes/physics/1969/gell-mann/biographical/
4.13	粒子物理学的标准模型	取材自 Wikimedia commons	https://commons.wikimedia.org/wiki/File:Standard_Model_of_Elementary_Particles_zh-hans.svg
4.14	标准模型对粒子的分类	作者创作	
第五章			
标号	名称	图片出处简称	原始图片来源
5.1	理查德·费曼	http://nanotecnologia154.blogspot.com/	http://nanotecnologia154.blogspot.com/
5.2	迈克尔逊 - 莫雷实验	取材自 Wikimedia commons	https://commons.wikimedia.org/wiki/Category:Michelson-Morley_experiment#/media/File:Michelson-morley.png
5.3	迈克尔逊和莫雷	Wikimedia commons	https://commons.wikimedia.org/wiki/File:Albert_Abraham_Michelson2.jpg https://commons.wikimedia.org/wiki/File:Edward_Williams_Morley2.jpg
5.4	洛伦兹与庞加莱	取材自 Wikimedia commons 及 aip.org	https://history.aip.org/phn/11806004.html https://commons.wikimedia.org/wiki/File:Henri_Poincar%C3%A9-2.jpg
5.5	爱因斯坦	nobelprize.org	https://www.nobelprize.org/prizes/physics/1921/einstein biographical/
5.6	德布罗意兄弟	取材自 Wikimedia commons	https://commons.wikimedia.org/wiki/File:Broglie_Big.jpg https://commons.wikimedia.org/wiki/File:Maurice_de_Broglie_in_his_laboratory._Photograph_by_Bonney,_Wellcome_V0028120.jpg

标号	名称	图片出处简称	原始图片来源
5.7	戴维森与汤姆逊	取材自 Wikimedia commons	https://commons.wikimedia.org/wiki/File:Clinton_Davisson.jpg https://commons.wikimedia.org/wiki/File:George_Paget_Thomson.jpg
5.7a	用像一颗颗钢珠一样的粒子进行双缝实验会得到两条亮线	取材自 Wikimedia commons	https://commons.wikimedia.org/wiki/File:Two-Slit_Experiment_Particles.svg
5.7b	用光波进行双缝实验会得到干涉条纹的图案	取材自 Wikimedia commons	https://commons.wikimedia.org/wiki/File:Experience_des_deux_fentes_(exp%C3%A9rience_des_trous_d%27Young)_avec_de_la_lumi%C3%A8re.svg
5.8	用电子进行双缝实验也会得到干涉条纹的图案	取材自 Wikimedia commons	https://commons.wikimedia.org/wiki/File:Double-slit.svg
5.9	电子的双缝实验得到的干涉条纹的图案	R. Bach et. al. New J. Phys.	R. Bach et. al. New J. Phys., Vol. 15. (2013)
5.10	1927 年的索尔维会议	取材自 Wikimedia commons	https://commons.wikimedia.org/wiki/File:Solvay_conference_1927.jpg
5.11	薛定谔的猫	Zmescience	https://www.zmescience.com/science/news-science/physicist-schrodinger-cat-04323/
第六章			
标号	名称	图片出处简称	原始图片来源
6.1	两种观点来看粒子	作者创作	
6.2	对撞机实验的示意图	hep.ucl.ac.uk	http://www.hep.ucl.ac.uk/~lj/ann.gif

标号	名称	图片出处简称	原始图片来源
6.3	对撞机实验原理的比喻	作者创作	
6.4	对撞机实验出现的结果	作者创作	
6.5	狄拉克的海洋示意图	作者创作	
6.6	能量以波的形式在介质中传递	取材自 Wikimedia commons	取材自日本画家葛饰北斋的神奈川海浪：https://commons.wikimedia.org/wiki/File:Katsushika_Hokusai_-_The_Great_Wave_off_the_Coast_of_Kanagawa.jpg
6.7	动作电位	作者创作	
6.8	光子被电子吸收与神灯故事的类比	作者创作，部分素材取自网络	作者创作，部分素材取自网络
6.9	光的双缝干涉实验结果是因为"整或零原理"	作者创作	
6.10	电子的量子波动方程的物理基础	作者创作	
6.11	解释原子位置与吸收光子波包关系的示意图	作者创作	
6.12	波函数与侦测到粒子概率的关系	作者创作	
6.13	波包在时间上的宽度与其在频率上的宽度的关系	作者创作	

第七章			
标号	名称	图片出处简称	原始图片来源
7.1	宇宙的发展	Wikimedia commons	https://commons.wikimedia.org/wiki/File:CMB_Timeline75_zh-cnversion.jpg
7.2	(a) 粒子对撞器的俯视拍摄图，(b) 粒子对撞器内的情况 和 (c) 希格斯玻色子	CERN	CERN; Maximilien Brice/Julien Ordan/CERN; https://www.symmetrymagazine.org/article/june-2014/measuring-the-lifetime-of-the-higgs-boson
7.3	标准模型	wiki-co-notes.fandom.com	https://wiki-co-notes.fandom.com/zh/wiki/Standard_Model 物理学基本粒子标准模型 SM
7.4	宇宙冷却的历史	phys.libretexts.org	https://phys.libretexts.org/Bookshelves/University_Physics/Book%3A_University_Physics_(OpenStax)/Map%3A_University_Physics_III_-_Optics_and_Modern_Physics_(OpenStax)/11%3A_Particle_Physics_and_Cosmology/11.7%3A_Evolution_of_the_Early_Universe
7.5	元素周期表	zhihu	https://zhuanlan.zhihu.com/p/26888395
7.6	大型的微波天线	Wikimedia commons	https://en.wikipedia.org/wiki/Holmdel_Horn_Antenna
7.7	图中显示宇宙从 3000K 以上冷却到 3000K 以下从模糊状态变成透明的状态	取材自 arizona.edu	http://ircamera.as.arizona.edu/NatSci102/NatSci102/lectures/eranuclei.htm
7.8	由辐射主导到物质主导	取材自 scienceblogs	http://scienceblogs.com/startswithabang/2013/09/20/ask-ethan-3-a-wild-new-idea-i-read-about/
7.9	整个核融合的过程	Wikimedia commons	https://commons.wikimedia.org/wiki/File:FusionintheSun.svg

标号	名称	图片出处简称	原始图片来源
7.10	参宿四	取材自 hubblesite.org	NASA, ESA, http://hubblesite.org/image/394/news_release/1996-04
7.11	红巨星的横切面图	作者创作	作者根据 Foundations of Astronomy by Michael Seeds 重新创作
7.12	三氦过程概要	取材自 Wikimedia commons	https://en.wikipedia.org/wiki/Triple-alpha_process
7.13	超巨星内的洋葱结构	取材自 ualberta.ca	https://sites.ualberta.ca/~pogosyan/teaching/ASTRO_122/lect18/lecture18.html
7.14	核子束缚能和原子质量数的关系	slidesplayer.com	https://slidesplayer.com/slide/11289727/
7.15	蟹状星云	Wikimedia commons	https://en.wikipedia.org/wiki/Crab_Nebula#/media/File:Crab_Nebula.jpg
第八章			
标号	名称	图片出处简称	原始图片来源
8.1	金牛T型星 HL Tau 与原行星盘	Wikimedia commons	https://commons.wikimedia.org/wiki/File:HL_Tau_protoplanetary_disk.jpg
8.2	太阳系原行星盘与冰线	取材自 Jack Cook, Woods Hole Oceanographic Institution	Jack Cook, Woods Hole Oceanographic Institution https://i.dailymail.co.uk/i/pix/2014/10/30/1414692211885_wps_2_Caption_In_this_illustrat.jpg
8.3	地球内部结构	取材自 kaiserscience	https://kaiserscience.files.wordpress.com/2015/01/internal20earth20structure.jpg
8.4	板块边界与相关的地质活动	取材自 Wikimedia commons	https://commons.wikimedia.org/wiki/File:Tectonic_plate_boundaries_clean.png
8.5	地球大气分层	取材自网络	https://4k4oijnpiu3l4c3h-zippykid.netdna-ssl.com/wp-content/uploads/2018/08/earth-atmosphere-layers.jpg

标号	名称	图片出处简称	原始图片来源
8.6	雷暴闪电，蓝色喷流，和红精灵	取材自 Wikimedia commons	Abestrobi (https://commons.wikimedia.org/wiki/File:Upperatmoslight1.jpg)
8.7	全球大气电路	取材自 slideplayer.com	http://slideplayer.com/slide/6192933/18/images/3/Global+Electric+Circuit.jpg
8.8	地球磁层与空间环境	取材自 Wikimedia commons	https://en.wikipedia.org/wiki/Magnetosphere#/media/File:Structure_of_the_magnetosphere-en.svg
8.9	地球氧的释放（与吸收）	取材自 Wikimedia commons	Oxygen_Cycle.jpg: Cbusch01 derivative work: Fred the Oyster (https://commons.wikimedia.org/wiki/File:Oxygen_cycle.svg)
8.10	全球温度与二氧化碳空气中浓度的变化	取材自 climatecentral.org	http://assets.climatecentral.org/images/uploads/gallery/2017EarthDay_TempAndCO2_en_title_lg.jpg
第九章			
标号	名称	图片出处简称	原始图片来源
9.1	了解自然需要对不同尺度的事物进行研究	作者创作	

图书在版编目（CIP）数据

我们的物质世界从何而来？ / 张东才等著 . — 北京：
中国青年出版社 , 2021.8
（宏观科学丛书）
ISBN 978-7-5153-5996-0

Ⅰ . ①我… Ⅱ . ①张… Ⅲ . ①物质—青少年读物Ⅳ . ① 04-49

中国版本图书馆 CIP 数据核字 (2020) 第 051760 号

中国青年出版社　出版 发行

社　　　　址：北京东四 12 条 21 号　邮政编码：100708
网　　　　址：http://www.cyp.com.cn
责 任 编 辑：刘霜 Liushuangcyp@163.com
编辑部电话：（010）57350508
发行部电话：（010）57350370
印　　　　刷：北京中科印刷有限公司
经　　　　销：新华书店经销
开　　　　本：880×1230　1/32　10 印张　250 千字
版　　　　次：2021 年 8 月北京第 1 版　2021 年 8 月北京第 1 次印刷
定　　　　价：68.00 元

本图书如有任何印装质量问题，请与出版部联系调换
联系电话：（010）57350337